KB056355

수학 하는 여자들

세계의
여성 수학자
30인

수학 하는 여자들

세계의 여성 수학자 30인

탤리시아 윌리엄스 지음 • 이충호 옮김

권오남 · 임보해 감수

차례

일러두기

저자의 설명은 소괄호( )로, 역자의 설명은 대괄호[ ]로 구분했습니다.

머리말

내가 수학자라는 이야기를 들으면 충격을 감추지 못하는 사람들이 가끔 있습니다. 충분히 이해합니다. 나 역시 미국 조지아주 콜럼버스에서 자라면서 수학 박사학위를 가진 여성은 한 명도 보지 못했으니까요. 그런 다음, 그 사람들은 내게 어떻게 수학자가 되었느냐고 묻습니다. 내 생각에 그것은 고등학교 시절부터 시작되었던 것 같습니다. 나는 고교 심화 학습 과정(AP)[명문대 입학전형 시 이 과정을 수료한 학생에게 가산점을 부여하거나 입학 후 학점으로 인정함.]을 다섯 과목이나 신청할 자격을 얻었습니다. 나는 AP를 왜 신청했느냐는 질문을 받으면, 그 자체가 명예롭기 때문이라는 이유를 댔지만("엄격한 학문적 환경을 원했지요."라거나 "대학 수준의 공부에 도전하고 싶었습니다."라는 식으로), 실제로는 선생님이 말씀하신 대로 AP의 'B' 학점은 정규 과정의 'A' 학점에 해당했기 때문이었습니다.

AP 미적분학 강의를 들었을 때, 나는 처음으로 수학을 인생의 천직으로 삼고 싶다고 생각했습니다. 학생 수가 2000명이 넘는 고등학교에 AP 미적분학 강의는 하나밖에 없었고, 수강생은 약 25명이었습니다. 그리고 25명의 학생 중 아프리카계 미국인은 4명뿐이었지요. 도먼 선생님은 그 당시 50대 초반이었습니다. 선생님은 종종

하비머드칼리지 캠퍼스의
탤리시아 윌리엄스.

칠판에 문제를 적고는, 나와서 그것을 푸는 사람에게 가산점을 주겠다고 했습니다. 나는 가산점을 원했기 때문에 항상 칠판 앞으로 나갔지요. 나는 가장 우수한 학생은 아니었지만, 약간의 가산점은 강한 동기부여가 되었습니다. 하기야 어느 학생인들 그러지 않겠어요?

어느 날, 수업이 끝난 뒤 도먼 선생님은 나를 따로 부르더니, 수학에 재능이 있다면서 대학교에 가면 수학을 전공해 보라고 말했습니다. 17세 때 선생님에게서 들은 그 말은 내게 아주 큰 충격으로 다가왔습니다. 물론 어머니와 아버지는 늘 내가 똑똑하다고 말씀하셨지만, 그분들은 어디까지나 부모님이니까 그렇게 말씀하셨지요. 그리고 나는 부모님의 유전자를 물려받았고요. 하지만 도먼 선생님은 사정이 달랐습니다. 그는 선생님이었으니까요. 그때 들었던 격려는 내 인생의 진로를 돌이킬 수 없게 바꿔놓았습니다. 사실, 나이 많은 백인으로부터 지적 능력을 인정받은 것은 그때가 처음이었습니다. 그전에는 내가 수학자 자질이 있다고 생각한 적이 한 번도 없었지만, 도먼 선생님은 내게서 충분히 그런 자질을 보았지요. 그 대화는 나를 변화시켰습니다. 그리고 내 인생을 바꿔놓았습니다.

그래서 어떻게 되었을까요? 나는 대학교에 진학했고… 수학을 전

2017년 타블로 컨퍼런스에서 자신의 유명한 TED 강연인
'자신의 몸에 관한 데이터'를 진행 중인 윌리엄스.

공했지요. 그런데 이 이야기에는 재미있는 반전이 있습니다. 나는 10년 뒤 고등학교 동창회에서 도먼 선생님이 그 말을 내게만 한 게 아니라, 많은 학생에게 했다는 사실을 알게 되었습니다. 하지만 그때에는 이미 돌이킬 수가 없었지요! 그리고 나는 내 선택을 조금도 후회하지 않습니다. 이 이야기는 학생을 믿어주는 선생님의 힘이 얼마나 큰 변화를 가져올 수 있는지 보여줍니다. 비록 학생 자신은 아직 그것을 직접 볼 수 없더라도, 선생님은 학생이 지닌 잠재력을 비춰주는 거울과 같은 역할을 할 수 있지요.

대학생 시절에 나는 세 번의 여름을 미국항공우주국(NASA)의 제트추진연구소에서 일하면서 보냈습니다. 나는 론 레인 박사가 자문위원을 맡고 있던 연구 팀에 배정되었지요. 놀라울 정도로 총명했던 론은 자신을 이름으로 부르라고 했습니다. 남부에서 자란 나는 어른을 절대로 이름으로 불러서는 안 된다고 배웠지요. 이름을 부르더라도 존경의 표시로 미스터Mr.나 닥터Dr.처럼 사회적 지위를 나타내는 호칭을 붙여야 할 것 같은 생각이 들었습니다. 하지만 론은 그러지 말라고 했습니다. 사실, 제트추진연구소에서는 모든 사람들이 서로 이름을 불렀지요. 론의 연구 팀에서 나는 소중한 자산이 된 것 같았는데, 그만큼 내 생각과 의견을 존중받는다는 느낌을 받았습니다. 조지아주 출신의 어린 여학생인 내가 그곳에서 로켓 과학자들과 어깨를 나란히 하고 일하고 있었지요. 그러나 뜨거운 동료애에도 불구하고, 나는 여전히 그곳에 약간 어울리지 않는다는 느낌을 지울 수 없었습니다. 클로디아 알렉산더 박사를 만나기 전까지는 그랬지요.

클로디아는 그 세 번의 여름 동안 나의 멘토였습니다. 내가 꿈꾸던 바로 그런 사람이었지요. 아름답고 똑똑한 클로디아는 미시간대학교에서 우주물리학 박사학위를 받은 뒤, NASA에 와서 일했습니다. 그때, 클로디아처럼 아름다운 금발 하이라이트를 하면 참 좋겠다고 생각했던 기억이 납니다. 클로디아를 알수록 나는 수학에 점점 더 깊이 빠져들었습니다. 내 앞에 서있는 클로디아는 언젠가 내가 이루고자 하는 꿈과 같은 존재였지요. 그 당시에는 그 사실을 몰랐지만, NASA에서 세 번의 여름을 함께 보내는 동안 클로디아는 제 마음속에 씨앗을 심었고, 고맙게도 그것은 금발 하이라이트보다 훨씬 유익한 것이었습니다!

나는 스펠먼칼리지에서 수학을 전공으로 그리고 물리학을 부전공으로 공부했고, 졸업한 뒤에는 하워드대학교에서 수학 석사학위를 받았습니다. 통계학 박사학위를 받은 라이스대학교를 다닐 때 나는 반에서 유일한 여성일 뿐만 아니라 유일한 아프리카계 미국인이었습니다. 나는 라이스대학교에서 지금의 남편을 만났는데, 그는 전산응용수학과를 다니고 있었지요. 그는 아주 색다른 말로 내게 접근했습니다. "나는 당신의 도함수가 되고 싶어요. 그러면 나는 당신의 곡선에 접선이 될 테니까요." 그래요, 누가 이런 제안을 거절할 수 있겠어요? 그는 '도함수'로 나를 얻었지요.

몇 년 뒤, 나는 하비머드칼리지에서 종신 재직권이 보장되는 교수직을 맡게 되었고, 도먼 선생님과 클로디아 알렉산더, 스펠먼칼리지에서 나를 가르쳤던 교수님들, 그리고 론이 제게 그랬던 것처럼 수학과 과학 분야에 많은 이들이 참여할 수 있도록 기회를 넓히는 일을 했습니다. 그리고 나는《수학 하는 여자들》로 그 꿈을 향해 한발 더 나아가길 기대합니다.

이 책에 소개된 여성들의 놀라운 이야기에서 한 가지 공통점은 이들이 모두 여행 도중의 어느 지점에서 자신을 믿어주는 멘토를 만났다는 것입니다. 그 소중한 멘토는 이들에게 불가능해 보이는 것이 어쩌면 그렇게 불가능한 것이 아닐지도 모른다고 생각하게 만들었

〈노바 원더스〉의 공동 진행자인 윌리엄스.

지요. 이 책에 포함할 여성 수학자를 선정하는 작업은 매우 어려웠지만, 나는 모든 역사를 통해(물론 현대 수학자들을 포함해) 고정관념을 깨고 자신의 열정을 추구하면서 어려운 상황(심지어 사람들이 절대로 할 수 없을 것이라고 말할 때에도)에서도 끈질기게 밀고 나가 성공을 거둔 여성 수학자들의 표본을 제시하려고 했습니다. 많은 사람이 홀로 여행에 나섰고, 수학 분야에 여성이 한 명 더 들어올 때마다 그다음 여성과 또 그다음 여성이 난관을 헤쳐나가고 훌륭한 성과를 거두기가 더 쉬워졌지요.

나는 우리 사회의 모습을 만들어 온 이 역동적인 수학자들과 과학자들의 삶에 모든 국적과 배경의 사람들을 초대합니다. 이들의 이야기가 수학 이론을 발전시키고, 수학계에 경각심을 주고, 다양성을 증진시키며, 과학, 기술, 공학, 수학STEM 분야에서 역사를 새로이 써나갈 다음 세대들에게 영감을 주길 바랍니다.

PART 1

선구자들

에미 뇌터

역사를 통틀어 수학은 여성에게 특별히 우호적이거나 매력적인 분야가 아니었지만, 20세기 이후에 정교한 기술이 폭발적으로 발전하면서 많은 여성 수학자가 생물정보학에서부터 우주비행에 이르기까지 온갖 분야에서 중요한 공헌을 하고 있습니다. 고대 그리스에서 처음 생겨난 대학교가 현대 대학 교육의 기반이 되었고, 철학과 수사학, 그리고 수학과 천문학 같은 분야에서 훌륭한 전문가와 선생을 배출하면서 결국 오늘날과 같은 큰 발전을 낳게 되었습니다. 그런 선생 중에 알렉산드리아의 테온이 있었는데, 테온은 현지 대학교에서 수학을 가르치면서 유클리드의 《기하학 원론》과 프톨레마이오스의 《알마게스트》를 비롯해 고대 그리스의 몇몇 훌륭한 과학 저술에 대한 해설을 썼습니다. 테온은 학문의 열정을 딸 히파티아에게 물려주었지요. 히파티아는 테온이 과학 저술의 해설을 쓰는 일을 도왔고, 나중에는 아버지보다 더 큰 명성을 얻었습니다.

히파티아는 아테네에서 철학과 천문학, 수학을 공부한 뒤, 5세기로 넘어갈 무렵에 알렉산드리아에서 신플라톤주의를 대표하는 사람이 되었습니다. 히파티아는 특히 뛰어난 웅변가였는데, 다른 도시들에서도 많은 사람이 그 강연을 들으려고 이집트에서 지식의 중심지였던 알렉산드리아로 몰려왔지요. 수학 분야에서는 원뿔곡선에 관한 아폴로니오스의 논문을 연구한 것으로 유명합니다. 원뿔곡선은 평면으로 원뿔을 자를 때 생기는 곡선들로, 이때 평면의 기울기에 따라 포물선과 타원, 쌍곡선이 생기지요.

이 책에 나오는 많은 여성처럼 히파티아도 지식을 탐구하다가 큰 대가를 치렀는데, 누구보다도 끔찍한 비극을 당했습니다. 2009년에 나온 영화 〈아고라〉(그 밖에도 역사상 수많은 희곡과 소설이 있었지만)에 그 장면이 나오지요. 알렉산드리아 주교는 히파티아에 대해 나쁜 소문을 퍼뜨렸고, 그러다가 415년의 어느 날, 히파티아는 기독교인 폭도에게 공격을 받아 옷이 벗겨지고 깨진 도자기 파편에

이중원뿔을 평면으로 자르면, 포물선(왼쪽), 타원(가운데), 쌍곡선(오른쪽)이 생긴다.

히파티아의 죽음을 묘사한 판화, 1865년.

책상 앞에 앉아있는 에밀리 뒤 샤틀레, 18세기.

아녜시의 마녀

수학에서 아녜시는 '아녜시의 마녀'를 설명한 것으로 유명하다. 이것은 프랑스 수학자 피에르 드 페르마가 처음 연구한 사인 곡선의 한 종류이다. 아녜시의 교과서에서는 versiera(이탈리아어로 '곡선'이란 뜻)라는 용어를 사용했지만, 이 책을 영어로 번역한 사람이 이 단어를 aversiera(이탈리아어로 '악마의 아내'란 뜻)로 오해하여 '마녀'로 번역했고, 그 이름이 그대로 굳어졌다.

이 곡선은 일반적으로 대수방정식 $y = \dfrac{8a^3}{x^2+4a^2}$ 으로 표현되는데, 여기서 a는 아래 그림에 나오는 원의 반지름과 같다.

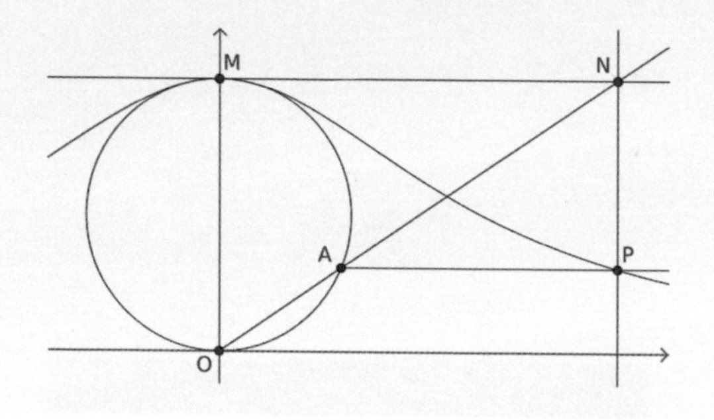

찔려 목숨을 잃었습니다. 심지어 폭도는 그 시체를 질질 끌고 거리를 돌아다니기까지 했지요.

그 후 유럽의 중세 시대와 중국의 송 왕조, 이슬람 황금시대, 르네상스 시대까지 다른 여성 수학자들이 히파티아의 유산을 조용히 이어간 것이 틀림없지만, 1637년에 프랑스의 수학자이자 철학자 르네 데카르트의 기념비적인 저작인 《방법서설》이 나오기 전까지는 수학 분야에서 여성이 이룬 업적에 대한 기록이 거의 없었습니다. "나는 생각한다. 고로 나는 존재한다."라는 그 유명한 표현은 바로 이 책에 나오지요. 그리고 그로부터 불과 4년 뒤, 출신이 잘 알려지지 않은 마리 크루라는 프랑스 여성이 십진법에 대한 연구를 발표했는데, 크루는 현대 십진법 표기에서 중요한 역할을 하는 소수점을 도입했습니다. 다시 그로부터 100년 뒤, 프랑스 여성 에밀리 뒤 샤틀레는《물리학 입문》을 출판했는데, 훗날 아이작 뉴턴과 미적분학을 동시에 발견한 고트프리트 라이프니츠의 최첨단 수학 개념을 설명하고 분석한 책이었지요. 샤틀레가 자신의 가정교사이던 사무엘 쾨니히에게서 배운 것을 그대로 베꼈을 뿐이라는 소문이 자연히 퍼졌지만, 결국에는 몇몇 저명한 과학자들이 샤틀레를 변호하고 나섰고, 샤틀레는 1746년에 볼로냐연구소의 과학아카데미 회원으로 선출되었습니다. 2년 뒤, 이탈리아 수학자 마리아 가에타나 아녜시는 유한과 무한소 분석에 관한 최초의 완전한 교과서 중 하나인《이탈리아 청년들을 위한 미분적분학》을 출판했습니다. 이 책은 여러 언어로 번역되었고, 1750년에 교황 베네딕토 14세는 아녜시를 볼로냐대학교 수학과 자연철학 교수로 임명했습니다. 역사상 최초로 여성이 대학교수로 임명된 일이 일어난 것이지요.

여기서 시간을 훌쩍 건너뛰어 1890년의 영국 케임브리지대학교로 가봅시다. 이곳에서 필리파 포셋은 수학 우등 졸업 시험에서 모든 남학생을 제치고 여성으로서는 최초로 최고 점수를 받았습니다. 그리고 이저벨 매디슨과 그레이스 치점은 거턴칼리지에서 미적분학과 선형대수학을 공부하고 있었습니다. 2년 뒤, 매디슨과 치점은 수학 우등 졸업 시험을 통과해 케임브리지대학교의 1등급 수학 학위에 해당하는 학위를 받았습니다.(그 당시만 해도 여성에게는 정식 학위를 주지 않았습니다.) 두 사람은 또한 옥스퍼드대학교의 파이널 아너스 스쿨[2학년과 3학년 과정. 마지막에 최종 졸업 시험을 치름.]에서 수학 시험을 놓고 경쟁을 벌였는데, 이번에는 치점이 모든 경쟁자를 물리치고 최고 점수를 얻었습니다.

세계에서 손꼽는 두 대학교에서 남학생보다 월등한 성적을 거두었는데도, 그 시절에는 영국에서는 여성이 대학원에 진학할 수 없

1890년대 케임브리지대학교 거턴칼리지의 모습. 수학자 그레이스 치점과 이저벨 매디슨은 이 여자 대학교를 다니며 1892년 수학 우등 졸업 시험에서 대다수 남학생들보다 높은 점수를 얻었다.

수학 우등 졸업 시험에서 최고 점수를 얻은 필리파 포셋.
1891년에 뉴엄칼리지의 자기 연구실에서 찍은 사진.

었기 때문에, 치점과 매디슨은 할 수 없이 독일 괴팅겐대학교로 가 군론群論을 발전시킨 펠릭스 클라인 교수 밑에서 공부했습니다. 그 당시에 수학 연구의 세계적 중심지였던 괴팅겐대학교에서 소피야 코발렙스카야도 1874년에 박사학위를 받았고(36쪽 참고), 이곳에서 수학을 공부한 에미 뇌터는 훗날 아인슈타인의 상대성이론의 기반이 되는 수학을 확립하는 데 도움을 주었지요(50쪽 참고). 그레이스 치점은 괴팅겐대학교에서 차석으로 졸업했습니다. 그리고 1895년에 〈구면삼각법의 대수군代數群〉이라는 논문으로 독일에서 두 번째로 박사학위를 받은 여성이 되었지요. 친구였던 미국 수학자 메리 윈스턴 뉴슨도 같은 시기에 펠릭스 클라인 밑에서 공부하기 위해 괴팅겐대학교로 갔는데, 뉴슨은 1897년에 유럽 대학교에서 수학 박사학위를 받은 최초의 미국인 여성이 되었습니다. 매디슨은 미분방정식을 전공하여 1896년에 미국 펜실베이니아주 브린모어칼리지에서 박사학위를 받았습니다. 포셋은 연구 업적으로 케임브리지대학교 뉴엄칼리지의 교수가 되었는데, 이에 감명을 받은 누군가가 익명으로 쓴 시가 있습니다.

코르셋의 승리를 찬양하자.
싸움의 승자, 공정한 필리파 포셋을 찬양하자.
그 머리에 유체정역학과 수학의 왕관을 씌우고
그 이마에 월계수 잎을 두르자.

만약 원뿔곡선과 같은 것에
이의가 있다면,
그것을 보이지 않게 감추도록 하라.
오늘 밤에는 오히려
미분의 본질적인 아름다움을 노래하는 것이 나으리라.

우리의 찬양을 들을 자격이 충분한
포셋은 갖은 수단을 다 써서
방정식을 풀어낸다네.
빗변의 제곱의 아름다움은
샤론의 수선화보다 찬란하지.

포셋은 곡선과 각도로
평행육면체와 평행사변형을 능수능란하게 다루지.
캠강 옆에서 세타를 소거하는 데에서는
포셋과 견줄 수 있는 사람은 거의 없고,
이길 수 있는 사람은 아무도 없다네.

포셋이 매일 지식을 늘려가
위대한 교수 케일리조차
자신을 능가한다고 인정하고,
위대한 교수 새먼이
자신의 업적은 허튼소리에 불과하다면서
놀란 표정으로 감탄하는 날이 오기를.[1]

아녜시가 볼로냐대학교 교수로 임명된 1750년부터 포셋이 케임브리지대학교의 수학 우등 졸업 시험에서 최고 점수를 얻은 1890년 사이에 수학 분야에서 선구적인 업적을 세운 여성 몇 명이 태어났습니다. 중국과 러시아, 프랑스, 독일, 미국 출신인 이들은 전 세계적인 여성 수학자 연합을 이루어 STEM 분야에 수많은 여성이 진출할 수 있는 길을 닦은 선구자가 되었습니다.

왕정의
王貞儀

1768년 ~ 1797년

일식과 월식을 설명한
청나라 시대의 천문학자이자 수학자

펜을 내려놓고 한숨을 쉴 때도 있었다.
하지만 나는 이 분야를 사랑하며, 포기하지 않을 것이다.[1]

- 왕정의

왕정의는 지구에서 아주 짧은 시간 동안(불과 29년 만에) 많은 일을 해냈습니다. 금성에는 왕정의가 천문학에서 이룬 업적을 기리기 위해 그의 이름을 딴 크레이터가 있습니다. 왕정의는 시와 수학 분야에서도 뛰어난 재능을 보였습니다.

청나라 시대에 태어난 왕정의는 중국 안후이성의 학자 집안에서 자랐습니다. 의사였던 아버지 왕석침은 《의방험초》라는 네 권의 의서를 출판하기도 했는데, 왕정의에게 의학과 지리학, 수학을 가르쳤습니다. 또, 왕정의는 할머니 동씨에게서 시를 배웠고, 지방 관리였던 할아버지에게서 천문학을 배웠습니다.

왕정의는 할아버지의 큰 서재에서 책을 보면서 많은 시간을 보냈는데, 이 독서는 풍부하고 다양한 교육의 기반이 되었습니다. 1782년에 할아버지가 사망하자, 가족은 만리장성 부근의 지린성으로 이사했습니다. 그곳에서 지낸 5년 동안 왕정의는 가족과 몽골 장군의 아내 아아의 도움으로 많은 것을 배웠는데, 아아는 궁술과 무술, 승마술을 가르쳐주었지요. 10대 중반 시절에는 아버지와 함께 많은 곳을 여행했고, 강녕부(오늘날의 난징)에서 여성 문인들을 사귀었습니다. 이 교류 덕분에 시를 쓰는 실력이 향상되었지요.

왕정의는 독학으로 천문학과 수학도 공부했는데, 모호하고 귀족적인 언어로 쓰인 문장 때문에 가끔 좌절했습니다. 왕정의는 그 심정을 "펜을 내려놓고 한숨을 쉴 때도 있었다. 하지만 나는 이 분야를 사랑하며, 포기하지 않을 것이다."[2]라고 표현한 적도 있었지요. 이 경험을 통해 왕정의는 과학 텍스트를 귀족뿐만 아니라 모든 사람이 명확하게 이해하고 쉽게 읽을 수 있도록 쓰는 것이 얼마나 중요한지 깨닫게 되었습니다. 이를 염두에 두고 왕정의는 유명한 수학자 매문정의 《주산》을 더 간단하게 고쳐 써 《주산이지》를 내놓았고, 24세에는 곱셈과 나눗셈을 간단하게 하는 방법을 고안해 5권짜리 《술산간존》을 썼습니다. 왕정의는 또한 〈피타고라스의 정리와

중국 난징에 있는 도자기 탑. 난징은 문화와 지식의 중심지로 오랜 역사를 자랑하는 도시였는데, 왕정의가 살던 시대에도 그런 전통이 이어지고 있었다. 난징에 머물면서 여성 문인들과 교류한 경험은 왕정의의 생애와 연구에 큰 영향을 미쳤다.

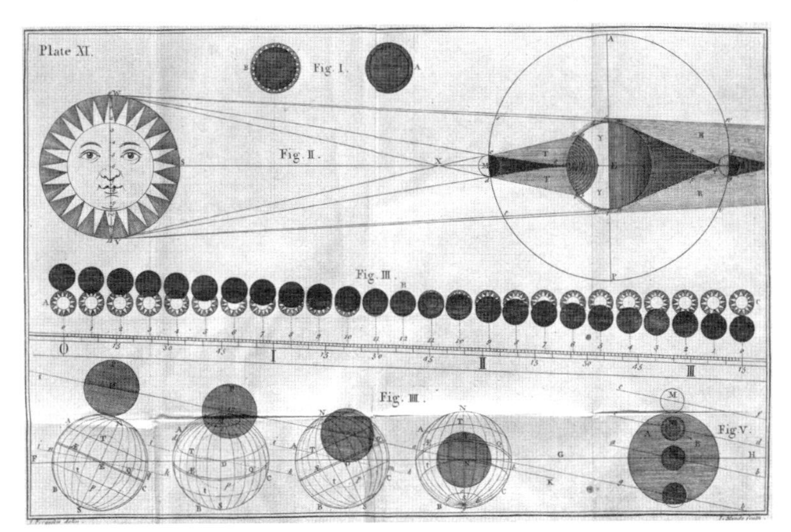

제임스 퍼거슨이 《아이작 뉴턴의 원리를 바탕으로 설명한 천문학》에 사용한 그림을 바탕으로 제임스 마인드가 제작한 판화. 일식과 월식의 원인과 결과를 묘사하고 있다. 그런데 퍼거슨이 자신의 유명한 저술을 출판하기도 전에 왕정의는 월식을 설명한 〈월식해〉란 글을 썼고, 그 과정을 설명하는 물리적 모형을 개발했다.

삼각법의 설명〉이라는 글과 중력에 관한 논문도 썼는데, 중력에 관한 논문에서는 지구가 구형인데도 왜 사람들이 지구에서 아래로 떨어지지 않는지 설명했지요.

왕정의는 사람들을 교육하려는 열정이 강했습니다. 특히 복잡한 것을 단순하게 설명하려는 열망이 강했는데, 그것을 자신의 천문학 연구에까지 확장하려고 했습니다. 왕정의는 천문학에서 분점分點[태양이 하늘의 적도를 통과하는 지점. 춘분점과 추분점이 있음.]이 어떻게 움직이는지와 함께 그 움직임을 계산하는 방법을 설명했지요. 또, 달의 운동을 분석하는 동시에 일식과 월식의 수수께끼를 풀려고 노력했습니다. 18세기만 해도 일식과 월식에 관한 전설과 미신이 많았고, 사람들은 그런 설명을 믿었습니다. 어떤 전설은 일식과 월식이 신의 분노 때문에 일어난다고 설명하기도 했지요. 왕정의는 자신의 책에서 일식과 월식은 "실제로는 분명히 달 때문에 일어난다."라고

르네상스 우먼

왕정의는 천문학과 수학 분야에서만 훌륭한 업적을 남긴 게 아니다. 그는 뛰어난 시인이기도 했는데, 시대를 훨씬 앞선 주제들을 다루었다. 주자학이 성행하던 청나라 시대에 쓴 몇몇 시 구절에서 그런 측면을 엿볼 수 있다.

여성도 남성과 동등하다는 것을
모두가 믿게 해야 한다.
딸들도 영웅적 행동을 할 수 있다는 것을
믿지 못하겠는가?[3]

[르네상스 맨Renaissance man('르네상스적 인간'이라고도 함.)은 여러 방면에 걸쳐 폭넓은 전문 지식을 갖춘 팔방미인 지식인을 말함. 그에 상응하는 여성을 르네상스 우먼이라고 부를 수 있음.]

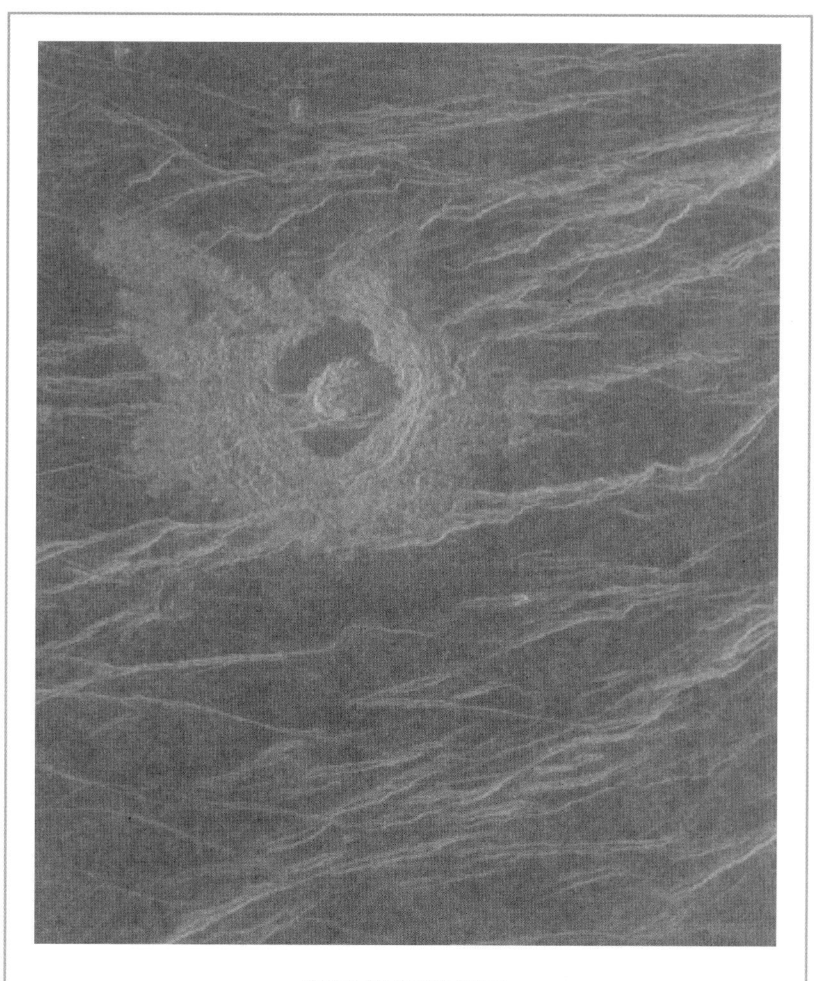

왕정의 크레이터

1994년, 프랑스 파리에 본부가 있는 국제천문연맹의 과학자들은 금성의 한 크레이터에 왕정의의 이름을 붙이기로 결정했다. 그럼으로써 왕정의는 태양계에서 두 번째 행성의 크레이터에 이름이 붙은 유명한 여성들의 명단에 올랐다. 다른 여성들로는 제인 오스틴, 넬리 블라이, 시몬 드 보부아르, 도러시아 딕스, 마거릿 생어가 있다. 왕정의 크레이터는 지름이 23.7km이고, 금성에서 위도 13.2°, 경도 217.7° 지점에 있다.[4]

썼고, 그 현상을 사람들이 이해할 수 있는 방식으로 설명하려고 했지요. 그는 정원에 식 현상을 설명하는 모형을 만들었는데, 지구와 태양과 달을 각각 둥근 탁자와 램프와 둥근 거울로 대신 나타냈습니다. 그리고 이 물체들을 움직이면서 달이 지구의 그림자 속에 들어갈 때 월식이 일어난다는 것을 보여주었는데, 어린아이들도 그것을 분명히 이해할 수 있었습니다. 왕정의가 쓴 〈월식해〉(월식에 관한 설명)라는 논문은 그 당시로서는 상당히 정확한 것이었지요.

왕정의는 자신이 여행에서 경험한 것을 시로 썼는데(역사와 고전 작품에서 얻은 정보를 참고해), 빈부격차와 남녀의 기회 평등 같은 사회적 문제도 언급했습니다. 그것도 직설적이고 꾸밈이 없는 문체로 표현했지요. 한 유명한 학자는 왕정의의 작품이 "여성 시인이 아니라 위대한 문필가의 풍모를 풍긴다."라고 평했습니다.[5]

왕정의는 25세에 담매와 결혼하여 시인과 수학자, 천문학자로 계속 일하다가 젊은 나이인 29세로 세상을 떠났습니다. 1994년, 국제천문연맹은 왕정의의 업적을 기려 금성의 한 크레이터를 '왕정의 크레이터'라고 부르기로 결정했습니다.

1860년 개기일식 때 관측된 코로나(태양 대기 중 가장 바깥층에 있는 엷은 가스층. 개기일식 때 선명하게 드러나 맨눈으로 볼 수 있음.)를 묘사한 판화 작품.

소피 제르맹
Sophie Germain

1776년 ~ 1831년

혁명적인 수학자

**나는 놀라움과 존경심을 어떻게 표현해야 할지 모르겠다.
한 여성이 성과 관습과 편견 때문에 정수론의 난제들에
통달하기까지 남성보다 무한히 더 많은 장애물에 맞닥뜨리고서도,
그러한 구속들을 극복하고 가장 깊숙이 숨겨져 있는 것을 꿰뚫어
보았다면, 그 여성은 고결한 용기와 비범한 재능과 발군의
천재성을 지닌 게 분명하다.**[1]

- 카를 프리드리히 가우스

프랑스혁명의 소용돌이 속에서 안전을 위해 집에 틀어박혀 지내던 조숙한 10대 소녀는 서재에서 책을 꺼내 독서에 몰두했습니다. 소녀는 독학으로 라틴어와 그리스어를 배웠고, 정치학과 철학 지식도 쌓았습니다. 그러다가 바닥 위에 그려놓은 수학 도형에서 떨어지라는 말을 거부했다가 로마 군인에게 살해당한 그리스 수학자 아르키메데스의 이야기를 읽고는 수학의 힘과 가능성에 특별히 큰 흥미를 갖게 되었습니다.

그 10대 소녀는 바로 프랑스 파리에서 비단 상인이던 앙브로스-프랑수아와 마리-마들렌 그뤼겔랭 사이에서 태어난 소피 제르맹입니다. 부모님의 사회적 지위는 부르주아에 속했습니다. 그들은 안락한 생활을 누렸고, 정치인을 비롯하여 영향력 있는 사람들과 친분을 쌓았습니다. 하지만 18~19세기에 여성으로 살아가는 데에는 불편한 점도 많았습니다.

부모님은 제르맹이 열심히 공부한다는 것을 알았지만, 여성에게 적합해 보이지 않는 분야를 공부한다는 사실은 별로 달갑지 않았습니다. 제르맹이 수학을 너무 열정적으로 공부하자, 부모님은 제르맹이 밤늦게까지 영국 물리학자 아이작 뉴턴과 스위스 수학자 레온하르트 오일러의 연구를 공부하는 것을 막으려고 양초와 난로와 옷을 압수하기까지 했지요. 하지만 제르맹은 어떻게든 양초와 이불을 구해 잉크가 병에서 얼어붙을 정도로 추운 밤을 견뎌내면서 공부를 했습니다. 부모님도 결국 제르맹의 열정을 꺾을 수 없다는 사실을 깨닫고 태도를 누그러뜨렸습니다.

제르맹은 스승도 없이 공부를 계속했는데, 여러 주제 중에서도 미분학의 기초를 스스로 터득했습니다. 18세 때 제르맹은 남성 수학자와 과학자를 배출하는 학교인 에콜폴리테크니크에 다니던 학생들과 친구가 되었고, 당대의 저명한 수학자들이 강의한 내용을 적은 공책을 얻어 공부했습니다. 그중에서도 특히 조제프-루이 라그

제르맹의 스승이었던 조제프-루이
라그랑주를 묘사한 판화, 1889년.

〈아르키메데스의 죽음〉, 토마 드조르주, 1815년.

〈바스티유 감옥 습격〉, 장 피에르 우엘, 1789년.

페르마의 마지막 정리란 무엇인가?

1637년에 피에르 드 페르마가 생각한 이 추측은 정수론에서 n이 2 이상의 정수일 때, $x^n + y^n = z^n$을 만족하는 양의 정수가 존재하지 않는다고 말한다. 단, $n=1$ 및 $n=2$(피타고라스의 수*로 대표됨.)일 때에는 해가 무한히 많이 존재한다. 이 정리는 두 가지 경우로 나눌 수 있다. 첫 번째는 x, y, z 어느 것으로도 나누어떨어지지 않는 정수 n에 대한 경우이고, 두 번째는 x, y, z 중 적어도 하나로 나누어떨어지는 정수 n에 대한 경우이다. 제르맹은 100 미만의 소수 지수에 대하여 첫 번째 경우를 다음과 같은 방법으로 증명했다.

p를 홀수의 소수라고 하자.
$P=2np+1$의 형태이며 소수인 보조 소수 P가 존재하면서
다음의 두 조건이 만족된다고 하자.
(여기서 N은 3으로 나누어지지 않는 양의 정수)

1. 만약 $x^p+y^p+z^p$이 P^2로 나누어떨어지면($x^p+y^p+z^p=0 \pmod{P^2}$),
xyz는 p로 나누어떨어진다.
2. p는 P제곱 잉여(mod P)가 아니다.[2]

그러면 페르마의 마지막 정리가 첫 번째 경우의 P에 대하여 성립한다.[3]

소피 제르맹의 정리는 페르마의 마지막 정리의 증명에 중요한 진전을 가져오긴 했지만, 두 번째 경우에 대한 증명은 3세기 반이 지나도록 풀리지 않은 채 남아있었다.[4]

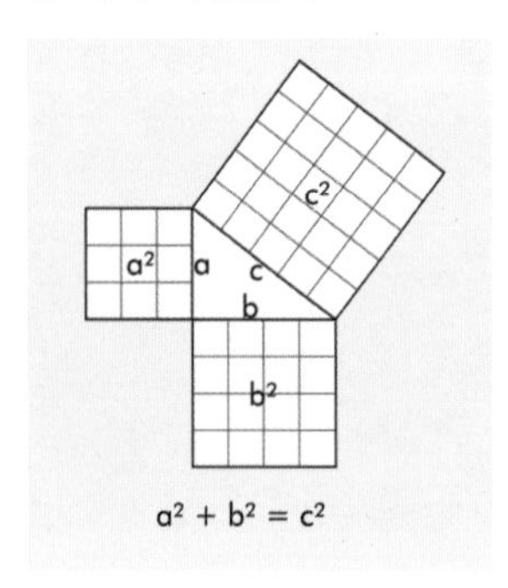

* 피타고라스의 수는 방정식 $a^2 + b^2 = c^2$ (피타고라스의 정리)을 충족하는 세 정수를 말한다. 세 변의 길이가 피타고라스의 수에 해당하는 삼각형을 피타고라스 삼각형이라 부른다. 가장 유명한 예로는 변의 길이가 각각 3과 4와 5인 직각삼각형($3^2 + 4^2 = 5^2$)이 있다.

랑주의 연구에 큰 흥미를 느꼈지요. 제르맹은 사망한 학생의 이름을 가명으로 사용해 해석학에 관한 논문을 라그랑주에게 제출했습니다. 통찰력에 감탄한 라그랑주는 그 논문을 쓴 학생을 찾았는데, 'M. 르블랑'[M.은 영어의 Mr.에 해당하는 프랑스어 monsieur의 약어임.] 이란 이름의 학생이 실제로는 여성이란 사실을 알고서 크게 놀랐습니다. 그런데도 라그랑주는 기꺼이 제르맹의 멘토가 되어주었습니다.

라그랑주는 제르맹을 과학자들과 수학자들에게 소개해 주었는데, 라그랑주가 아니었더라면 제르맹은 그들과 교류할 방법이 전혀 없었을 겁니다. 제르맹은 프랑스 수학자 아드리앵-마리 르장드르와 함께 협력해 연구했는데, 르장드르는 훗날 《정수론》에서 오늘날 소피 제르맹의 정리로 알려진 정리를 제르맹이 발견했다고 인정했습니다. 소피 제르맹의 정리는 페르마의 마지막 정리를 증명하려는 시도에서 나온 최초의 중요한 진전이었습니다.

제르맹은 또한 1801년에 정수론에 관한 기념비적 연구인 《정수론 연구》를 출판해 큰 명성을 얻은 독일 수학자 카를 프리드리히 가우스하고도 편지를 주고받았습니다. 제르맹은 1804년부터 역시 M. 르블랑이라는 가명을 사용해 가우스에게 편지를 보냈습니다. 가우스는 제르맹이 보낸 정수론 증명을 칭찬하고 그 결과를 동료들과 공유했는데, 제르맹이 여자일 거라고는 전혀 생각도 하지 못했습니다. 그런데 프랑스 군대가 가우스의 고향 브라운슈바이크를 점령했을 때, 제르맹이 가우스의 안전을 보장하기 위해 가족의 연줄을 이용해 개입했고, 그 바람에 가우스도 마침내 제르맹의 정체를 알게 되었습니다. 가우스는 그 도움에 대해 고마워했고, 그 후로도 제르맹의 연구를 계속 칭찬했습니다.

1808년, 제르맹은 독일의 물리학자이자 음악가인 에른스트 클라드니가 특이한 실험을 통해 탄성 표면의 진동을 연구한 결과에 큰 흥미를 느꼈습니다. 클라드니는 금속판 위에 고운 모래를 뿌린 뒤,

바이올린 활로 금속판 가장자리를 문질렀습니다. 그러자 이때 발생한 공명 때문에 모래가 특이한 패턴[이 패턴을 '클라드니도형' 또는 '클라드니 패턴'이라고 부름.]으로 배열되었지요. 프랑스과학아카데미가 이 패턴의 수수께끼를 수학적으로 설명하는 사람에게 상금을 내걸자, 제르맹이 이에 도전했습니다.(사실, 이에 도전한 사람은 오직 제르맹 한 사람뿐이었습니다.) 1811년에 2년간의 마감 시한이 끝났을 때, 제르맹은 익명으로 그 설명을 제출했습니다. 그런데 그 설명에는 정규교육을 제대로 받지 못한 탓에 약간의 오류가 있었습니다. 제르맹은 자신의 가설을 변분법變分法[일반 미적분학과는 달리 범함수를 다루는 미적분학의 한 분야. 범함수는 정의역의 원소가 함수들로 이루어진 함수를 말함.] 지식이 필요한 물리학 원리로부터 유도하지 못했지요.

그러자 프랑스과학아카데미는 마감 시한을 2년 더 연장했고, 그 후에 다시 2년을 더 연장했습니다. 제르맹의 두 번째 시도(이번에도 도전자는 오직 제르맹뿐이었습니다.)는 가작으로 인정되었습니다. 그리고 1815년의 마지막 시도에서 〈탄성판의 진동에 관한 고찰〉이란 논문으로 금메달을 받았습니다. 심사 위원들은 제르맹의 연구가 조금 부족한 부분이 있다고 지적했습니다. 하지만 그 부족한 부분은 수십 년이 지날 때까지 다른 수학자들도 해결하지 못했습니다.

제르맹이 프랑스과학아카데미에서 여성으로서 최초로 상을 받은 시점으로부터 7년이 지난 뒤, 프랑스과학아카데미 사무총장이던 장-바티스트-조제프 푸리에는 제르맹에게 회원들만 참석이 가능한 회의에 참석을 허락했습니다. 제르맹은 또한 프랑스학술원 회의에 참석할 수 있는 영예도 누렸습니다. 1820년대에는 여러 저명한 남성 수학자의 도움을 받아 탄성이론을 계속 연구하면서 자신의 증명을 개선해 이 분야에 상당한 기여를 한 연구를 발표했습니다.

이러한 헌신과 재능에도 불구하고, 제르맹은 그에 합당한 인정과 존경을 받지 못했습니다. 공식적으로는 수학계의 대다수 사람들이

카를 프리드리히 가우스의 초상화, 크리스티안 알브레히트 옌센, 1840년.

클라드니의 진동하는 금속판 실험을 묘사한 일러스트. 1876년에 스크리브너스 출판사가 발행한 월간지 〈더 센추리〉에 실린 그림이다.

클라드니의 실험에서 만들어진 다른 패턴을 묘사한 일러스트. 1873년에 〈포퓰러 사이언스 먼슬리〉에 실린 그림이다.

제르맹을 무시했습니다. 제르맹은 너무나도 어려워서 그 후 358년 동안이나 풀리지 않은 채 남은 문제를 풀기 위해 최초의 유의미한 시도를 했지만, 수학계는 대체로 그 연구를 묵살했지요.

제르맹은 가우스의 표현처럼 "가장 깊숙이 숨겨진 것"을 밝혀내기 위한 탐구를 계속했습니다. 아버지의 지원을 받아 수학뿐만 아니라 철학과 심리학 분야의 연구도 계속하면서 정수론과 표면의 곡률에 관한 논문들을 썼지요. 그러다가 1831년 6월에 파리의 모네 구역에서 유방암으로 세상을 떠났습니다. 오늘날 그곳에는 짧지만 화려했던 제르맹의 삶을 기리는 기념비가 서있습니다. 제르맹이 사망한 지 약 200년이 지난 뒤, 프랑스과학아카데미는 제르맹의 업적을 기려 매년 기본적인 진전을 이룬 수학 분야의 연구에 상을 수여하고 있습니다. 또한 정수론의 여러 개념에는 제르맹의 이름이 붙어있습니다.

프랑스 화가 앙리 테스티엘이 그린 이 그림은 1667년에 프랑스과학아카데미 회원들과 아카데미를 창립한 루이 14세가 자리를 함께한 장면을 묘사했다.

1854년에 샤를 마르빌이 찍은 센강과 프랑스학술원(돔 지붕이 있는 건물) 사진. 제르맹이 숨을 거둔 사부아 거리 부근의 풍경이다.

제르맹의 유산

제르맹 곡률, H

$\frac{k_1 + k_2}{2}$ 로 정의되는 곡률, k_1과 k_2는 각각 최대 곡률과 최소 곡률이다. 제르맹 곡률은 흔히 평균곡률이라고 부른다.

소피 제르맹 소수, p

p가 소수이면서, $2p + 1$도 소수가 될 때,

p를 소피 제르맹 소수라 한다.

제르맹항등식[5]

모든 $\{x, y\}$에 대해 $x^4 + 4y^4 = \{(x+y)^2 + y^2\}\{(x-y)^2 + y^2\}$

$= (x^2 + 2xy + 2y^2)(x^2 - 2xy + 2y^2)$이 성립한다.

소피 제르맹의 정리

30쪽 참고

소피야 코발렙스카야
Sofya Kovalevskaya

1850년 ~ 1891년

유럽에서 수학 박사학위를 받은 최초의 여성

수학에 대해 더 자세히 알 기회가 없었던 사람들 중 다수는 수학을 산수와 혼동하고, 그것을 무미건조한 과학으로 여긴다. 하지만 수학은 실제로는 많은 상상력이 필요한 과학이다.[1]

- 소피야 코발렙스카야

때 이르게 세상을 떠난 지 100년도 더 지났지만, 소피야 코발렙스카야[2]는 수학 분야의 뛰어난 업적으로 고국인 러시아뿐만 아니라 전 세계에서 여전히 추앙받고 있습니다. 알렉산더폰훔볼트재단은 매년 코발렙스카야의 이름으로 165만 유로(약 22억 원)의 상금이 걸린 상을 수여하고 있으며, 2009년에 노벨문학상 수상 작가 앨리스 먼로는 19세기에 살았던 이 수학자의 생애를 소재로 삼아 단편소설을 썼습니다.

바실리 코르빈-크루코브스키 장군과 옐리차베타 슈베르트의 세 자녀 중 둘째로 태어난 소피야 코발렙스카야는 귀족 집안에서 자라며 훌륭한 교육을 받았습니다. 코발렙스카야와 자매들은 집에서 여자 가정교사와 개인 지도교사에게서 가르침을 받았습니다. 가족과 친하게 지내던 사람들 중에는 유명한 러시아 소설가 표도르 도스토옙스키도 있었는데, 그는 코발렙스카야의 언니 안나에게 청혼했다가 거절당했지요. 삼촌은 아주 어릴 때부터 코발렙스카야에게 수학적 개념을 이야기하면서 수학에 대한 호기심을 불러일으켰다고 합니다. 회고록에서 코발렙스카야는 그때 삼촌과 토론을 하면서 "수학을 고상하고 신비로운 과학으로 존경하는 마음"이 생겼는데, "이 신비로운 과학은 보통 사람들이 접근할 수 없는 경이로운 신세계를 입문자에게 열어주었다."라고 썼지요.[3]

가정교사와 함께 공부를 시작한 코발렙스카야는 수학에 너무 집착한 나머지 다른 공부를 소홀히 했습니다. 그래서 아버지가 수학 수업을 중단시켰지만, 코발렙스카야는 모두가 잠든 밤중에 빌려 온 대수학책을 읽었지요. 지식을 넓히고 싶은 열망이 강했던 코발렙스카야는 이웃에 사는 교수가 쓴 물리학 교과서를 공부했습니다. 그 교수는 코발렙스카야가 자신에게 수학적 개념을 설명하려고 시도한 것에 깊은 인상을 받고서, 아버지에게 딸을 상트페테르부르크로 보내 공부를 계속 시키라고 설득했습니다.

핀란드 조각가 발테르 루네베르그가 만든
소피야 코발렙스카야 흉상.

유명한 우크라이나 수학자 미하일
오스트로그라드스키. 그의 강의 내용을
필기한 공책의 종이들이 1860년대에
코발렙스카야의 방 벽에 붙어있었다.

코발렙스카야가 태어난 모스크바의 집 풍경, 바실리 폴레노프, 1878년.

코발렙스카야가 어릴 때부터 수학적 개념에 흥미를 느낀 데에는 재미있는 계기가 있습니다. 어린 시절, 벽지가 부족하자 아버지는 벽에다 벽지 대신에 자신이 필기한 공책을 찢어 붙였는데, 거기에 미분과 적분 해석이 적혀있었던 거지요. 벽에서 제정러시아의 유명한 수학자였던 미하일 바실리예비치 오스트로그라드스키의 강의 내용을 보고서 어린 코발렙스카야는 미적분학에 큰 호기심을 느끼게 되었습니다.

중등교육을 마친 코발렙스카야는 대학교에 진학해 공부를 계속할 방법을 궁리했습니다. 그 당시에 러시아에서는 여성이 대학교에 들어갈 수 없었습니다. 여성이 입학할 수 있는 대학교 중에서 가장 가까운 곳은 스위스에 있었습니다. 코발렙스카야는 아직 어리고 미혼이었는데, 관행상 아버지나 남편의 서면 허락 없이는 여성 혼자서 여행하거나 가족과 떨어져 살 수가 없었습니다. 그래서 편의상 고생물학자 블라디미르 코발렙스키와 결혼하여 독일 하이델베르크로 이주했지요. 하이델베르크대학교도 원칙적으로 여성이 강의를 수강할 수 없었지만, 코발렙스카야는 강사들의 허락을 받아 비공식적으로 강의를 들었습니다. 그곳에서 세 학기를 보내는 동안 코발렙스카야는 비범한 재능을 지닌 학생으로 인정받았습니다.

1870년, 코발렙스카야는 베를린대학교에서 당대의 최고 수학자 중 한 명인 카를 바이어슈트라스 밑에서 공부를 시작했습니다. 바이어슈트라스는 즉각 코발렙스카야의 진가를 알아보진 못했지만, 코발렙스카야는 그가 낸 여러 문제 중 하나를 잘 풀어 자신의 능력을 입증했습니다. 베를린대학교는 여성의 강의 참석을 허용하지 않았기 때문에, 바이어슈트라스는 4년 동안 개인적으로 코발렙스카야를 지도했습니다. 이 생산적인 기간에 세 편의 논문(각각 편미분방정식, 아벨적분, 토성의 고리에 관한 논문)이 나왔는데, 이 논문들은 코발렙스카야가 1874년에 괴팅겐대학교에서 최우등으로 박사학위를

1872년 무렵에 괴팅겐대학교 풍경을 묘사한 판화. 코발렙스카야는 이곳에서 여성으로서는 최초로 수학 박사학위를 받았다.

코발렙스카야의 멘토였던 카를 바이어슈트라스의 초상화, 콘라트 페어, 1895년.

코시-코발렙스카야 정리

오귀스탱 코시는 미적분과 대수학의 복소해석학에 획기적인 기여를 한 프랑스 수학자이다. 코시가 1842년에 발견한 내용과 코발렙스카야가 1875년에 발견한 내용이 합쳐져 코시-코발렙스카야 정리가 되었는데, 이 정리는 해석적 편미분방정식의 초기 조건 문제에 해가 존재하는지 여부를 증명한 것으로, 현대 수학의 발전에 크게 기여했다.

받는 데 도움이 되었습니다. 편미분방정식에 관한 논문은 1875년에 수학 학술지 〈크렐레〉에 실렸는데, 젊은 수학자에게는 매우 영예로운 일이었지요.

수학 박사학위와 바이어슈트라스의 추천에도 불구하고, 적절한 일자리를 구하지 못한 코발렙스카야는 남편과 함께 러시아의 고향으로 돌아갔습니다. 그곳에서 코발렙스카야는 한 신문에 다양한 주제로 기사를 썼고, 1878년에 딸을 낳았습니다.

코발렙스카야는 1880년에 수학계로 다시 돌아와 활력을 되찾았습니다. 아벨적분에 관한 논문을 과학 학회에서 발표하여 좋은 평을 받았고, 베를린으로 돌아가 바이어슈트라스를 만났습니다. 코발렙스카야는 결정에서 빛이 굴절되는 현상을 연구하기 시작했습니다. 그런데 고국을 떠나있는 동안 비극적인 소식이 날아왔습니다. 이미 2년 동안 별거 중이던 남편이 사업 실패로 자살을 했다는 소식이었습니다.

1883년, 코발렙스카야는 바이어슈트라스의 제자인 망누스 예스타 미타그-레플레르의 도움으로 마침내 일자리를 구해 스톡홀름대학교의 강사로 일하게 되었습니다. 코발렙스카야는 인기 있는 강사였고, 1년 만에 임시직 강사에서 종신 재직권을 보장받는 교수가 되었습니다. 5년 동안 근무하면서 코발렙스카야는 수학 학술지 〈악타 마테마티카〉의 편집자로 임명되었고, 결정에 관한 첫 번째 논문을 발표했으며, 역학과 학과장으로 임명되어 유럽 대학교에서 최초의 여성 학과장이 되었습니다.

많은 성취에도 불구하고, 개인적인 삶에는 때때로 큰 풍파가 닥쳤습니다. 코발렙스카야는 평생 우울증을 앓았고, 1887년(남편이 자살한 지 4년 뒤)에 언니 안나가 폐 감염으로 사망하자 큰 슬픔에 빠졌지요. 언니의 임종을 지켜보면서 코발렙스카야는 어떤 이야기를 구상했습니다. 그 이야기는 스웨덴의 여배우이자 페미니스트인 안네

〈스톡홀름의 겨울 풍경〉, 알프레드 베리스트룀, 1899년.

레플레르와 함께 쓴 〈행복을 위한 투쟁〉이라는 희극 작품의 뼈대가 되었지요. 얼마 후 막심 코발렙스키라는 러시아 변호사가 스톡홀름에 와 강연을 했는데, 코발렙스카야는 이 변호사와 열렬한 연애를 했습니다. 하지만 코발렙스키가 자신의 아내가 되려면 수학을 포기하라고 요구하자, 두 사람의 관계는 차갑게 식고 말았습니다.

코발렙스카야는 슬픔과 실망, 실연의 아픔을 떨치기 위해 수학 연구에 더 몰두했습니다. 1888년에는 프랑스과학아카데미가 개최한 프릭스 보르댕상 경연에 〈고정점 주위를 도는 고체의 회전에 관하여〉라는 논문을 익명으로 제출했습니다. 코발렙스카야는 우승했을 뿐만 아니라, 심사 위원들은 그 논문이 너무나도 우수하다고 판단해 상금을 3000프랑에서 5000프랑으로 올리기까지 했지요. 코발렙스카야는 이 분야의 연구를 계속해 1889년에는 스웨덴과학아카데미에서도 상을 받았습니다. 또한 여성으로서는 최초로 러시아 과학아카데미의 교신 회원으로 선출되었습니다.

코발렙스카야는 자신의 경력에서 한창 전성기를 달리던 1891년에 폐렴에 걸려 세상을 떠나고 말았습니다. 죽기 직전에 자전적 소설《허무주의자 소녀》와 자서전《어린 시절의 회상》을 완성했는데,《어린 시절의 회상》에는 다음과 같은 구절이 있습니다.

시인은 남들이 보지 못하는 것을 보아야 하고, 남들보다 더 깊이 봐야 한다고 생각한다. 그것은 수학자도 마찬가지다.[4]

1880년 무렵에 익명의 화가가 그린 소피야 코발렙스카야 초상화.

위니프리드 에저턴 메릴
Winifred Edgerton Merrill

1862년 ~ 1951년

수학 박사학위를 받은 최초의 미국 여성

그녀가 문을 열었다.

— 현재 컬럼비아대학교에 전시된 위니프리드 에저턴 메릴의 초상화에 새겨진 글귀.

1886년, 컬럼비아대학교 졸업식에서 위니프리드 에저턴 메릴은 자신을 둘러싼 우레와 같은 박수 소리를 듣고 서있었습니다. 그 놀라운 2분 동안[1,2] 메릴은 지금 이 자리에 오기까지 겪었던 일들이 주마등처럼 스쳐 지나갔습니다. 1883년에 웰즐리칼리지에서 수학 학사학위를 받고 나서 컬럼비아대학교에서 수학과 천문학 박사과정을 밟게 해달라고 간청했지만 거부당하자, 컬럼비아대학교 이사들에게 자신의 사정을 탄원했습니다. 그리고 사실상 혼자서 연구를 수행해 적분에 관한 독창적인 논문을 완성했습니다. 그런 우여곡절 끝에 지금 이 자리에 서게 된 것이었습니다. 미국에서 수학 박사학위를 받은 최초의 여성이자 컬럼비아대학교를 졸업한 최초의 여성으로서 말입니다.

위니프리드 에저턴 메릴의 삶은 성실함과 재능의 결합이 낳은 결실이었다고 말할 수 있습니다. 위스콘신주 리펀에서 위니프리드 에저턴이라는 이름으로 태어난 메릴은 어린 시절에는 개인 지도교사에게 교육을 받다가 미국 최초의 여자 대학교 중 하나인 웰즐리칼리지에서 학사학위(16세 때)를 받았습니다. 그 후 잠시 학교에서 학생들을 가르치다가 하버드대학교 천문대에서 퐁-브룩스 혜성의 궤도를 연구했지요. 고성능 망원경에 접근할 수 있는 곳에서 연구를 계속하길 원했던 메릴은 남성이 독점하던 컬럼비아대학교의 수학과 천문학 분야에 지원했습니다.

웰즐리칼리지 시절부터 천문학 분야의 탄탄한 기본 지식을 쌓았던 메릴은 박사과정도 무난하게 소화해 불과 2년 만에 마쳤습니다. 그것도 거의 혼자 힘으로 이루어냈는데, 대학교 관리자들이 메릴이 남성 동료들과 어울리거나 강의에 참석하는 것을 허용하지 않았기 때문입니다. 대신에 혼자서 강의 교재를 보면서 공부했지요. 망원경에 매달려 긴 밤을 보내는 동안, 메릴은 외로움을 극복하기 위해 인형들을 친구처럼 옆에 늘어놓고 일하다가 다른 사람이 오면 재빨

1903년 무렵에 실린 컬럼비아대학교와 뉴욕의 허드슨강 사진. 1886년, 컬럼비아대학교는 미국에서 최초로 여성(위니프리드 에저턴 메릴)에게 박사학위를 수여했다.

1899년 무렵의 하버드대학교 천문대 구내. 메릴은 1847년에 이 천문대에 설치된 고성능 망원경인 '대굴절 망원경'을 사용했다. 이 망원경은 20년 동안 미국에서 가장 큰 망원경으로 남아있었다.

뉴스거리가 되는 사건

메릴이 1886년에 컬럼비아대학교를 졸업할 때, 〈뉴욕 타임스〉 취재진이 역사적인 순간을 보도하기 위해 그곳을 찾았다. 물론 에저턴의 패션에 관한 이야기도 빼놓지 않았다. 그 기사는 "에저턴은 짙은 갈색 소재의 워킹 드레스를 단정하게 차려입었는데, 거기에는 같은 소재의 벨벳 레이스가 달려 있었고, 흰색 레이스와 깃털 술이 달린 갈색 칩 햇을 썼다."[4]라고 보도했다.

리 인형들을 치웠습니다.[3]

두 부분으로 이루어진 메릴의 논문(수리천문학을 다룬 최초의 논문)에는 1883년 혜성(퐁–브룩스 혜성, 하단 참고)의 궤도 계산이 포함돼 있었는데, 그때까지 이 혜성이 관측된 적은 단 두 번밖에 없었습니다. 그 논문의 두 번째 부분은 순수수학을 다루었는데, 〈중적분 (1) 데카르트 기하학, 삼선과 삼평면, 접선, 사원수, 현대 기하학에서의 그 기하학적 해석; (2) 행렬식과 불변식, 공변을 분석 도구로 사용해 시도한 방정식 이론에서의 그 해석학적 해석〉이란 제목이 붙어 있었습니다.[5]

이 논문은 데카르트, 사선, 극, 삼선, 삼면, 접선, 사원수 좌표계를 포함해 해석기하학의 다양한 좌표계에서 무한소를 탐구했습니다. 메릴은 기하학적 접근법을 사용해 이 다양한 좌표계에서 길이와 넓이, 부피의 무한소를 찾으려고 했습니다. 메릴은 삼선 좌표계와 삼면 좌표계의 표현이 새로운 것이라고 밝혔습니다. 그러고 나서 바

퐁-브룩스 혜성

프랑스 천문학자 장–루이 퐁은 원래는 프랑스 마르세유 천문대의 수위였는데, 1812년 7월 21일에 '성운처럼 흐릿한' 혜성을 처음 발견했다. 그런데 이 혜성은 분명한 꼬리가 보이지 않았다. 퐁은 이 발견을 다음 날인 7월 22일에야 보고했다. 이 혜성의 공전주기는 70.68년으로 추정되었는데, 그다음에 돌아온 이 혜성을 1883년 9월 1일에 윌리엄 로버트 브룩스가 발견했다. 브룩스와 퐁은 둘 다 평생 혜성을 많이 발견했지만, 세계 신기록을 세운 사람은 퐁으로 평생 발견한 혜성의 수는 적어도 37개에 이른다. 퐁–브룩스 혜성은 궤도를 도는 동안 맨눈으로 볼 수 있으며, 핼리혜성족에 속한다. 퐁–브룩스 혜성은 다음 번에는 2024년에 지구에 접근할 것으로 예상된다.[6,7]

살러뮤 프라이스의 책에 실린, 한 좌표계에서 다른 좌표계로 중적분의 변환을 위한 미분과 적분 방법을 요약한 변환 방법을 제시했습니다. 따라서 메릴의 원래 연구 중 일부에는 데카르트좌표계에서 삼면 좌표계와 접선 좌표계로 변환하는 이 방법이 포함돼 있었습니다. 그런 다음, 메릴은 다양한 좌표계를 대상으로 해석적 방법뿐만 아니라 기하학적 접근법으로 얻은 넓이와 부피의 무한소를 조사해 그것들이 동치임을 보여주었습니다. 게다가 변환과 사원수 좌표계에 대해 새로운 연구도 했습니다. 논문에 실린 새로운 결과 중 하나는 데카르트좌표계와 삼면 좌표계에 필요한 방정식 배열을 얻기 위해 데카르트좌표계와 사교좌표계, 사교좌표계와 삼면 좌표계 사이의 관계를 알아낸 것이었습니다.[8]

1887년에 컬럼비아광학대학원 졸업생인 프레더릭 제임스 해밀턴 메릴과 결혼한 뒤, 메릴은 1889년에 바너드칼리지의 설립을 도운 5명의 창립자 중 한 명이 되었습니다. 바너드칼리지는 뉴욕주에서 여성에게 인문학 학위를 수여한 최초의 대학교였지요. 하지만 메릴은 결국 전원이 남성으로 구성되었던 그 집단에서 사임해야 했습니다. "우리는 시내에서 회의를 했어요. 남편이 많이 반대했지요. 그는 내가 남자들만 있는 시내의 사무실로 가는 것이 매우 부적절하

위니프리드 에저턴 메릴의 초상화.

다고 여겼습니다. 결국 나는 운영 위원회에서 사임해야 했습니다."[9]

메릴은 여러 곳에서 수학을 가르쳤고, 1906년에는 오크스미어여학교를 세웠습니다. 대학 입학 준비 학교였던 이 학교는 22년 동안 운영되었습니다. 메릴 부부는 4명의 자녀를 두었습니다. 메릴은 많은 글과 강연을 통해 교육과 여성을 옹호하는 활동을 펼치다가 1951년에 코네티컷주 페어필드에서 세상을 떠났습니다.

데카르트좌표계란 무엇인가?

17세기에 르네 데카르트가 발명한 데카르트좌표계는 평면에서 직각으로 교차하는 두 직선 사이에 위치한 점의 위치를 나타내는 데 아주 유용하다. 예를 들면, 아래의 그림에서 제1사분면에 있는 점의 좌표는 (2, 3)으로 표시할 수 있다. 이것은 점의 위치를 나타내기 위해 x축을 따라 2만큼 수평 방향으로 이동하고, y축을 따라 3만큼 수직 방향으로 이동하면, 그 점에 도달한다는 뜻이다. 전함 게임을 하는 것과 아주 비슷하다!

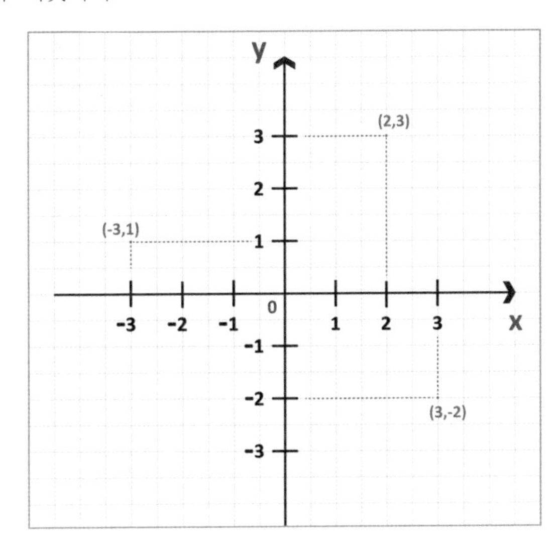

에미 뇌터
Emmy Noether

1882년 ~ 1935년

아인슈타인에게 큰 영향을 미친 여성 수학자

뇌터는 여성을 위한 고등교육이 시작된 이래 지금까지 배출된 수학자 중 가장 중요하고 창조적인 수학 천재였다.[1]

— 알베르트 아인슈타인

아말리에 '에미' 뇌터의 탁월한 두뇌는 아무리 과장해도 지나치지 않습니다. 저명한 수학자이자 교수의 장녀로 태어난 뇌터는 단순히 가족의 학문적 전통을 잇는 것에 그치지 않았습니다. 뇌터는 추상대수학[2]을 획기적으로 발전시켰을 뿐만 아니라, 역사상 대표적인 천재 아인슈타인도 중력과 공간, 시간의 본질에 관한 혁명적 이론을 만들 때 뇌터의 수학적 전문 지식에 의존했습니다.

뇌터는 독일 바이에른주 에를랑겐의 부유한 가정에서 자랐습니다. 어머니 이다 아말리아 카우프만은 쾰른의 부유한 유대인 상인 집안의 딸이었고, 아버지 막스 뇌터는 19세기에 대수기하학 분야에서 혁신을 이끈 수학자였습니다. 아버지는 하이델베르크대학교와 에를랑겐대학교의 저명한 교수였는데, 인내심이 많고 학생들을 잘 격려한다는 명성이 높았습니다.

뇌터의 집에서는 과학과 수학에 대한 사랑이 넘쳐흘렀습니다. 뇌터와 동생들이 함께 자란 집에는 책과 토론이 넘쳐 났고, 아버지 친구들(마찬가지로 학문에 종사한)의 자녀들도 자주 들락거렸지요. 동생인 알프레트는 화학을 공부했고, 또 다른 동생 프리츠는 아버지처럼 수학에 큰 열정을 갖고 있었습니다.

하지만 여자였던 뇌터는 남동생들처럼 원하는 공부를 마음대로 할 수 없었습니다. 그 대신에 요리와 청소, 건반악기 연주처럼 그 당시 젊은 여성이 전통적으로 배우던 기술을 배웠지요. 대다수 사람들의 이야기에 따르면, 뇌터는 비록 혀 짧은 소리를 하긴 했지만, 똑똑하고 생기가 넘쳤으며 친구들에게 인기가 좋았습니다. 뇌터는 춤을 즐겼고, 프랑스어와 영어를 공부했으며, 1900년에는 여학교에서 학생을 가르칠 수 있는 자격시험에 합격했습니다. 하지만 뇌터에게는 다른 생각이 있었습니다.

18세 때 뇌터는 에를랑겐대학교에서 독일 교수들의 강의를 청강해도 된다는 허락을 받았습니다. 아버지가 그 대학교의 교수였고,

알베르트 아인슈타인, 1916년.

1916년에 발행된 이 엽서는 뇌터가 1900년대 초에 수학을 공부하고 가르쳤던(무보수로) 에를랑겐대학교의 풍경을 보여준다.

한 남동생은 학생으로 다니고 있었지요. 그 당시에 청강은 여성이 독일 대학교에서 공부할 수 있는 유일한 방법이었습니다. 뇌터는 2년 동안 강의를 들은 뒤(그렇게 한 여성은 단 두 명뿐이었지요.), 1903년에 대학교 입학시험에 합격했습니다. 뇌터는 괴팅겐대학교도 다니면서 당대의 유명한 수학자들에게서 강의를 들었는데, 그중에는 나중에 함께 협력 연구를 한 다비트 힐베르트와 펠릭스 클라인도 있었습니다. 아버지의 개인지도에다가 개인적 노력이 합쳐져 뇌터는 수학 분야에서 경력을 쌓아갈 수 있을 만큼 튼튼한 기초를 다졌습니다.

1904년 무렵에 여성도 독일 대학교에 입학할 수 있게 되자, 뇌터는 에를랑겐대학교로 돌아갔습니다. 그리고 파울 고르단 밑에서 불변량 이론과 대수기하학을 공부해 1907년에 에를랑겐대학교에서 최우등으로 수학 박사학위를 받았습니다. 학위논문인 〈3항 4차 형식의 완전한 불변량 좌표계에 관하여〉는 수학계에서 좋은 평가를 받았습니다. 하지만 뇌터는 자신의 연구를 그다지 만족스럽게 여기지 않았고, "쓰레기"[3]라고 불렀지요.

비록 대학교 입학에 관한 규칙은 바뀌었지만, 여성이 대학교에서 학생을 가르치는 것에 대해서는 오랜 편견이 그대로 남아있었습니다. 뇌터는 에를랑겐대학교에서 학생을 가르칠 자격이 충분했지만, 그렇게 할 수 없었습니다. 하지만 뇌터는 계속 대학교에 머물면서 에를랑겐수학연구소에서 이론대수학 연구를 해 자신의 이름을 떨쳤습니다. 또, 아버지가 강의를 할 수 없을 때 강의실에 들어가 학생을 가르쳤고, 박사과정 학생 몇 명에게 조언도 해주었습니다(물론 무보수로). 뇌터는 아버지의 연구에 흥미를 느껴 아버지가 발견한 일부 정리를 일반화했습니다.

뇌터의 논문들이 알려지기 시작하면서 뇌터는 명성이 점점 높아졌습니다. 1908년에는 팔레르모수학회 회원으로 선출되었고, 1909년에는 독일수학회 회원으로 초빙되었지요. 뇌터는 유럽 전역의 수학 회의에 참석해 강연을 하기 시작했습니다. 1915년, 동료 수학자 펠릭스 클라인과 다비트 힐베르트는 괴팅겐대학교에서 아인슈타인의 일반상대성이론을 연구하던 중에 불변량 이론에 관한 뇌터의 전문 지식이 필요하다는 사실을 깨달았습니다.

뇌터는 클라인과 힐베르트의 초대를 수락해 괴팅겐대학교에서 무보수 강사로 일했는데, 힐베르트의 이름을 내세우면서 자신의 강의를 선전했습니다. 한편, 뇌터가 발견한 뇌터의 정리는 아인슈타인에게 소중한 도움을 주었습니다. 기본적으로 이 정리는 자연에 대칭성이 존재하는 곳이라면 어디건 에너지와 운동량, 전하가 대칭적으로 보존된다고 말합니다. 예를 들면, 시간의 대칭성(예컨대 공을 공중으로 던질 때, 그것을 언제 던지건 간에 그 궤적은 항상 동일하게 유지됨.)은 에너지보존법칙으로 설명할 수 있습니다.(즉, 고립된 계의 총 에너지는 시간이 지나도 불변하거나 '보존'됩니다.)[4]

우주에서 시간과 에너지 사이의 관계를 밝힌 뇌터의 수학적 증명은 훗날 "현대물리학의 발전을 이끈 가장 중요한 수학의 정리 중 하나이며, 아마도 피타고라스의 정리와 어깨를 나란히 할 것"[5]이라고 평가받았습니다.

당대의 가장 뛰어난 물리학자들과 수학자들 사이에서 뇌터의 명성이 높았는데도 불구하고, 괴팅겐대학교의 일부 교수들은 학생들이 '여자의 발밑에서' 배워야 한다는 생각에 거부감을 느꼈습니다. 이에 대해 힐베르트가 내놓은 반박이 유명한데, "이곳은 목욕탕이 아니라 대학이다."[6]라고 말했지요. 힐베르트와 클라인의 도움에 힘입어, 그리고 제1차세계대전 이후에 독일혁명의 영향으로 일어난 사람들의 태도 변화 덕분에 뇌터는 마침내 1919년에 교원자격증(독일 대학교에서 강의를 하려면 박사과정 후에 교원자격증을 따야 함.)을 취득해도 된다는 허락을 받았고, 객원 강사로 임명되었습니다.

뇌터가 강의에서 받은 급여는 거의 없는 것이나 다름없었지만, 그

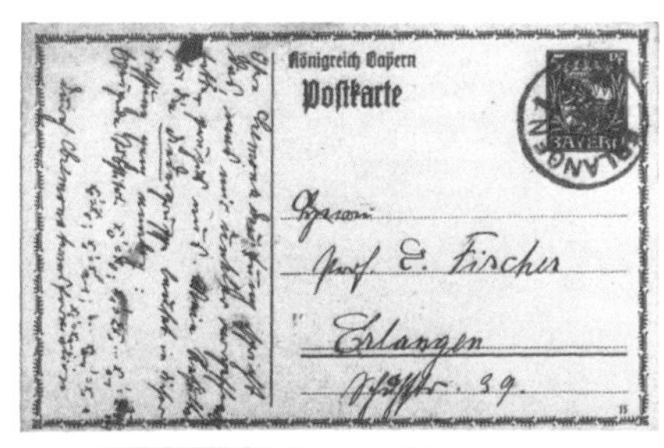

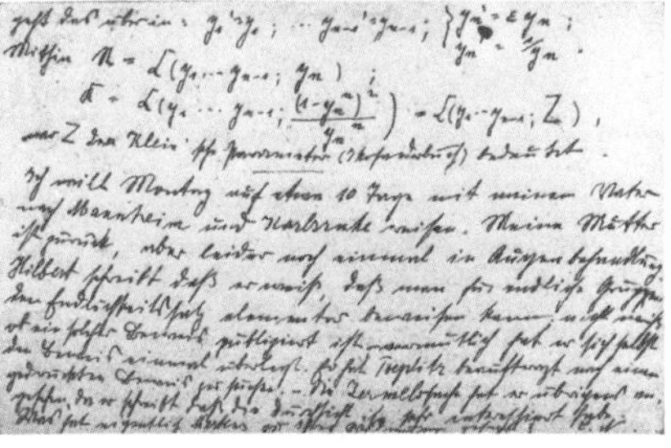

1915년 4월 10일에 보낸 이 엽서에서 뇌터는 에를랑겐대학교의 동료 에른스트 피셔와 대수학 개념에 대해 논의했다.

다비트 힐베르트는 괴팅겐대학교에서 뇌터를 가장 강력하게 지지한 사람 중 한 명이었다. 그 당시만 해도 많은 동료들은 대학교에서 여성 교수가 일할 수 있다는 생각에 경악했다.

불변량 이론이란 무엇인가?

추상대수학의 하위 분야인 불변량 이론은 불변 벡터공간이나 다른 대수학적 다양체(즉, 정수를 어떻게 조작하건 변하지 않는 다항방정식들의 해 집합)에서 군의 작용(즉, 정수 같은 원소들의 집합에서 두 원소를 결합해 세 번째 원소를 만드는 덧셈 같은 연산이 일어날 때)을 검토한다. 현실 세계에서 불변의 예는 별과 그 행성 사이의 관계를 검토할 때 발견할 수 있다. 행성 궤도의 모양과 반지름은 시간에 따라 변하지만, 행성과 별 사이의 중력은 불변이다.

는 운 좋게도 상당한 유산을 물려받아 학생들과 연구에 집중할 수 있었습니다. 대학교에서 뇌터는 따뜻하고 배려심이 많으면서도 엄한 선생으로 알려졌습니다. 학생들에게 음식과 소유물을 자주 나누어주었고, 학생들에게 자신이 발견한 개념을 더 발전시켜 보라고 격려했으며(자신의 개념에 대해 소유권을 주장하지도 않았지요.), 심지어 토론을 위해 자기 집으로 학생들을 초대하기까지 했습니다. 말이 빠른 경향이 있었지만(전하는 이야기에 따르면, 강의 중에 손짓과 몸짓도 아주 많이 했다고 합니다.), '뇌터의 아이들'이라고 불린 충성스러운 추종자들이 생겨났으며, 그중 일부는 나중에 훌륭한 수학자가 되었습니다.

자신의 이름이 붙은 정리 외에도 뇌터는 1921년에 〈환영역에서의 아이디얼 이론〉이라는 획기적인 연구를 발표해 현대 추상대수학의 발전에 크게 기여했습니다. 이 연구로 뇌터환Noetherian ring이라는 용어가 생겨났고, 토폴로지와 기하학, 논리학, 대수학을 통합하는 원리들이 나왔습니다. 그 후에 비가환대수학[7], 표현 이론, 다원수, 선형변환에 관한 연구로 뇌터는 1932년에 에밀 아르틴과 함께 아케르만-토이프너수학상을 공동 수상 했습니다. 50세가 된 그해에 뇌터는, 스위스 취리히에서 열린 세계수학자대회에서 다원수 체계에 대해 강연을 했습니다.

뇌터는 수학을 위해 살았지만, 주변에서 일어나는 사건들을 마냥 무시할 수만은 없었습니다. 뇌터는 유대인이었고, 평화주의자이자 사회민주주의자였습니다. 1933년, 독일에서 권력을 잡은 히틀러와 나치는 모든 대학교에서 유대인 교수를 추방하라고 명령했습니다. 이 조치로 뇌터와 남동생(역시 독일에서 수학을 가르치고 있던)이 당장 대학교에서 쫓겨났지요. 동료 교수였던 헤르만 바일(훌륭한 수

뇌터환이란 무엇인가?

수학에서 뇌터환이라는 용어는 오름 사슬 조건 또는 내림 사슬 조건을 충족하는 대상, 즉, 계속 올라가거나 내려가면서 끝이 있는(즉, 무한이 아닌) 원소들의 열을 기술하는 데 쓰인다. 대수학적 용어로 표현하면, 오름 사슬 수열($a_1 \le a_2 \le a_3 \le \cdots$) 또는 내림 사슬 수열($\cdots \le a_3 \le a_2 \le a_1$)에 대해 $a_n = a_n + 1 = a_n + 2 = \cdots$의 조건을 만족하는 양의 정수 n이 존재한다.[8]

수학에서 뇌터 대상의 예로는 군과 환, 모듈, 관계, 위상공간, 도식 등이 있다.

알베르트 라이히가 1931년에 그린 이 그림은 히틀러가 독일에서 권력을 강화하고 있을 때, 나치 깃발을 들고 진격하는 '갈색 셔츠단'을 보여준다. 뇌터의 학생 중에도 나치 돌격대원이 있었지만, 그래도 뇌터는 그들을 자신의 집으로 초대했다.

뇌터는 1933년부터 1935년까지 여자 대학교인 브린모어칼리지에서 가르쳤는데, 이 학교의 양궁 팀은 여성이 무시할 수 없는 힘임을 보여준다. 화장한 뇌터의 재는 학교 부지에 묻혔다.

학자이자 물리학자였던)은 그때 뇌터가 보여준 우아한 태도에 다음과 같이 감탄했습니다.

우리 주변의 모든 파벌에서 일어났던 끔찍한 투쟁과 파괴와 격변 속에서, 증오와 폭력, 두려움과 절망과 낙담의 바닷속에서, 당신은 이전과 똑같은 근면함으로 수학의 도전 과제들을 숙고하면서 자신의 길을 걸어갔습니다. 대학교 강의실을 사용할 수 없게 되자, 당신은 학생들을 자신의 집으로 불렀습니다. 심지어 갈색 셔츠를 입은 사람(나치 돌격대)도 환영했지요. 단 한순간도 그들의 정직성을 의심하지 않았습니다. 당신은 자신의 운명에 신경 쓰지 않고, 열린 마음으로 두려움 없이 항상 화해의 제스처를 취하며 자신의 길을 묵묵히 걸어갔습니다.[9]

프리츠는 모스크바로 떠났고, 뇌터는 미국 펜실베이니아주의 여자 대학교 브린모어칼리지가 제의한 교수직(연봉 4000달러)을 받아들였습니다. 2년 동안 브린모어칼리지와 그 부근에 있던 프린스턴 대학교(아인슈타인이 가르치고 있던 곳) 학생들이 이 총명하고 떠들썩한 수학자의 활기가 넘치고 즉흥적이면서 구조화되지 않은 강의를 들으러 몰려왔습니다. 뇌터는 궁핍한 학생에게는 아낌없이 돈을 나눠주었고, 황야로 떠나는 하이킹에 학생들을 함께 데려갔습니다. 하지만 안타깝게도 뇌터는 1935년에 자궁 종양 제거 수술을 받은 뒤에 숨을 거두고 말았습니다. 추모식에서 바일은 갑자기 세상을 떠난 경이로운 마음과 정신의 소유자에 대해 다음과 같은 감동적인 말을 남겼습니다.

나는 주저하지 않고 당신을 역사상 가장 위대한 여성 수학자라고 부르겠습니다. 당신의 연구는 우리가 대수학을 바라보는 방식을

1930년경의 에미 뇌터.

1932년에 취리히에서 열린 세계수학자대회에 참석한 사람들. 쟁쟁한 사람들 가운데 양자물리학의 개척자인 볼프강 파울리와 사이버네틱스의 창시자 노버트 위너도 포함돼 있다.

바꾸었습니다. … 이전에 흔히 그랬던 것처럼 수학의 기초를 논리적으로 밝히는 데 작은 도움을 주는 것으로 그치지 않고, 공리적 접근법을 강력한 연구 도구로 바꾸는 데 당신만큼 크게 기여한 사람은 아마 아무도 없을 것입니다.[10]

추모식에 참석할 수 없었던 남동생 프리츠 앞에도 불운한 운명이 기다리고 있었습니다. 6년 뒤, 소련의 대숙청 기간에 프리츠는 톰스크에서 '독일 스파이'라는 죄명으로 체포되어 25년형을 선고받았습니다. 그리고 형을 선고받고 4년 뒤에 처형되었습니다.

오늘날 뇌터를 기리기 위해 그 이름이 붙은 장학금과 강의가 운영되고 있고, 심지어 달의 한 크레이터에도 그 이름이 붙어있습니다.

피부색으로 가로막힌 장벽을 무너뜨리다

유피미아 헤인스
Euphemia Haynes

1890년 ~ 1980년

1907년경의 유피미아 헤인스.

지성이 있는 사람은 인생의 문제를 해결할 능력을 충분히 지니고 있기 때문입니다. … 모든 패배는 새로운 노력의 원천이 되며, 모든 승리는 패자를 향한 감사와 관용의 정신을 강화하는 계기가 됩니다.

— 유피미아 헤인스의 1907년 고별사

남북전쟁 이후에 워싱턴 D.C.는 자유를 찾은 노예들이 모여드는 중심지가 되었고, 그 결과로 많은 아프리카계 미국인의 고향이 되었습니다. 19세기에 워싱턴 D.C.에 살았던 아프리카계 미국인 중에서 주목할 만한 인물로는 노예제도 폐지론자이자 참정권 확장론자, 작가, 정치인이었던 프레더릭 더글러스가 있는데, 그는 1877년에 애너코스티아강이 내려다보이는 워싱턴 남동부 언덕에 가족과 함께 정착했습니다. 워싱턴의 부유한 아프리카계 미국인 중에는 3세대를 이어 워싱턴에서 살아온 라비니아 데이도 있었는데, 데이는 공립학교에서 유치원생을 가르치고 가톨릭교회에서 열심히 활동했습니다. 데이는 1889년 10월 30일에 유명한 치과의사이자 워싱턴 지역사회에서 민권운동가로 활동한 윌리엄 로프턴과 결혼했습니다. 그리고 약 1년 뒤인 1890년 9월 11일, 마사 유피미아 로프턴이 태어났습니다.

유피미아는 부모의 사회적 지위 덕분에 많은 아프리카계 미국인이 누릴 수 없는 기회를 얻었지만, 일곱 번째 생일이 될 무렵에 부모는 헤어지고 말았습니다. 유피미아와 남동생 조지프는 어머니와 함께 살았고, 아버지하고는 거의 접촉이 없었습니다. 하지만 어린 유피미아는 자신의 능력을 증명하겠다고 굳게 마음먹었습니다. 1907년, 유피미아는 엠스트리트고등학교에서 졸업생 대표로 뽑혔고, 2년 뒤에는 마이너사범학교를 우수한 성적으로 졸업했습니다. 그리고 매사추세츠주의 스미스대학교에서 수학을 전공으로, 심리학을 부전공으로 공부했습니다. 또한 워싱턴 D.C.의 공립학교에서 교사 경력을 시작해 초등학교와 고등학교에서 영어와 수학을 가르쳤습니다. 1917년, 유피미아는 고등학교 시절부터 사귀었던 동료 교사 해럴드 애포 헤인스와 결혼했는데, 해럴드는 펜실베이니아대학교에서 전기공학 학위를 받았습니다. 그 후, 두 사람은 함께 시카고대학교를 다녔는데, 유피미아는 대학원 수준의 수학 과정을 밟았습니다.

미국 가톨릭대학교 본관. 미국 가톨릭대학교는 1943년에 아프리카계 미국인 여성에게 최초로 수학 박사학위를 수여했다.

1910년에 찍은 이 사진은 마이너사범학교 부속 초등학교를 다니던 1학년 학생들이 양치질을 하는 모습이다. 유피미아는 마이너사범학교를 다녔는데, 1년 전인 1909년에 우수한 성적으로 졸업했다.

시카고대학교에서 교육학 석사학위를 받은 뒤, 유피미아는 마이너사범대학교에 수학과를 신설하고 학과장을 맡았으며, 그곳에서 약 30년 동안 근무했습니다. 그곳에서 교수로 일하면서 유피미아는 미국 가톨릭대학교에서 수학 박사과정을 밟았습니다. 대수기하학을 전공한 오브리 랜드리 교수의 지도를 받아 〈대칭 대응의 특별한 경우들을 특징짓는 독립 조건들의 집합을 결정하는 방법〉이라는 논문을 완성했고, 1943년에 아프리카계 미국인 여성으로서는 최초로 수학 박사학위를 받았습니다.

유피미아는 어머니와 마찬가지로 평생 가톨릭 신자였고, 지역사회를 위해 헌신적으로 봉사했습니다. 유피미아는 컬럼비아 특별구(일반적으로 워싱턴 D.C.라고 부르는)의 가톨릭인종간협의회 설립을 도왔고, 워싱턴 대교구 가톨릭여성평의회 회장을 맡았으며, 피데스하우스(미국 가톨릭대학교가 설립해 가난한 사람들에게 봉사와 지원, 교육적 도움을 제공한 주민 지원 시설)를 지원했습니다. 전미기독교인유대인협의회 워싱턴 D.C. 지부 회원과 가톨릭 자선단체 이사도 맡았습니다. 1959년(컬럼비아특별구대학교로 바뀐 마이너사범대학교에서 은퇴한 해), 교황 요한 23세는 교회와 지역사회를 위해 탁월한 봉사를 한 공로를 인정해 유피미아에게 '프로 에클레시아 에트 폰티펙스'('교회와 교황을 위하여'라는 뜻)라는 메달을 수여했습니다.

유피미아는 워싱턴 D.C.의 인종 분리 학교들에서 교장으로 일한 남편과 함께 평등 교육을 강경하게 옹호했습니다. 유피미아가 한 가장 주목할 만한 일 중 일부는 미국 역사에서 격동의 시기였던 1960년부터 1968년까지 컬럼비아 특별구 교육위원회 위원으로 지내는 동안 일어났습니다. 교육위원회 위원으로서(그리고 나중에는 최초의 여성 위원장으로서) 유피미아는 가난한 학생의 지원과 더 나은 학교를 만드는 노력을 강력하게 지지했습니다. 워싱턴 D.C.의 학교들은 오래전부터 '능력별 학급 편성 제도'를 운영해 왔는데, 주로 아프리카계 미국인과 가난한 학생들을 저학년 동안의 학업 성적에 따라 학업 교육이나 직업교육을 받도록 배정했습니다. 학생의 성적이나 관심 분야가 변하더라도, 한번 정해진 진로는 바꿀 수 없었습니다. 그 결과로 많은 학생이 더 높은 수준의 교육을 받을 기회를 박탈당하고 직업교육을 받았습니다. 유피미아는 이러한 분리 제도를 강하게 비난했고, 1967년 6월에 마침내 이 제도가 폐지된 것을 열렬하게 반긴 사람들 중 하나였습니다. 유피미아는 또한 1968년에 교육위원회에서 물러나기 전에 공립학교 교사의 단체교섭권을 보장받기 위한 싸움도 강하게 지지했습니다.

유피미아는 아프리카계 미국인 여성으로서 최초의 수학 박사학위를 받은 해에 수학을 추구하는 일과 세계 평화 사이의 관계에 대해 다음과 같이 말했습니다.

> **모든 과학자들과 마찬가지로 수학자들도 이 세상 어디에 있건, 생명을 이해하려는 보편적인 열망으로 결속되어 있습니다. 협력은 쉽고 자연스러우며, 그것은 진실을 확립하려는 과학의 모든 노력에 필요합니다.[1]**

유피미아는 90세의 나이로 세상을 떠나면서 70만 달러를 미국 가톨릭대학교에 기부했습니다. 대학교 측은 교육학과에 유피미아의 이름이 붙은 석좌교수 자리와 연례 세미나, 영구적인 학자금 대출 제도를 만듦으로써 유피미아의 유산을 길이 남겼습니다.

교황 요한 23세는 1959년에
유피미아에게 명성 높은 메달을 수여했다.

PART 2

암호해독에서 로켓 과학까지

애니 이즐리

19세기 후반에 여성 '컴퓨터[계산하는 사람]'가 중요한 역할을 하기 시작했습니다. 여성 컴퓨터는 미국의 물리학자이자 천문학자인 에드워드 찰스 피커링이 도입하여 지금은 '하버드 컴퓨터'로 널리 알려진 '하렘'에서 시작되었습니다. 1881년, 남성 조수들의 작업 능률에 좌절을 느낀 하버드대학교 천문대장 피커링은 자기 집에서 가정부로 일하던 윌리어미나 플레밍에게 그 일을 시켰습니다. 플레밍이 모든 일을 훨씬 효율적으로 해내자, 5년 뒤에 피커링은 소수의 숙련된 여성들로 팀을 만들어 천문 관측 자료 검토와 별의 분류 작업을 맡겼습니다. 그들 중에는 웰즐리칼리지를 졸업한 애니 점프 캐넌과 위니프리드 에저턴 메릴(44쪽 참고)도 있었습니다. 시간당 겨우 25~50센트(비숙련 공장 노동자의 임금보다 조금 높은)의 낮은 임금을 받았지만, 이 여성들은 1890년에 최초의 헨리 드레이퍼 목록[HD 항성목록 또는 HD 성표라고도 함.]의 간행을 가능케 했습니다. 이 목록에는 별빛의 방출스펙트럼에 따라 분류한 항성이 1만 개 이상 포함돼 있었습니다. 캐넌은 오늘날 항성 분류체계의 기초가 된 하버드 분류체계를 만들었습니다. 동료 컴퓨터였던 헨리에타 스완 레빗은 케페우스 형변광성의 밝기와 맥동주기 사이의 관계를 발견했는데, 이것은 우주의 거리를 측정하는 데 필수적인 도구가 되었습니다.

20세기 초에 수학 분야에서 고급 학위를 원하는 여성들이 갈 수 있었던 주요 교육기관 두 곳은 미국의 여자 대학교 브린모어칼리지와 독일의 괴팅겐대학교였습니다. 그런데 미국과 유럽 국가들이 제1차세계대전과 제2차세계대전을 겪으면서 암호해독과 탄도학을 포함한 국방 관련 일자리에 수학 훈련을 받은 여성의 수요가 갑자기 크게 늘어났습니다. 그런 여성 중에 미국 중서부 출신으로 텍사스주 애머릴로고등학교에서 수학을 가르친 애그니스 마이어 드리스콜이 있었습니다. 박식한 데다가 수학과 독일어, 프랑스어, 라틴어, 일본어 등 여러 언어를 구사한 마이어는 전시의 암호해독 작업에 적

1890년 무렵에 하버드 컴퓨터들이 일하는 모습을 찍은 사진.
위쪽 가운데에 있는 사람이 윌리어미나 플레밍이다.

애그니스 마이어의 암호해독 작업은 이 그림이 묘사한 1942년의 미드웨이해전을 포함해 태평양전쟁 동안 많은 해전에서 연합군이 승리를 거두는 데 결정적 역할을 했다.

오늘날 우리가 어떤 장소로 가는 경로와 시간을 순식간에 알 수 있게 된 것은 아이린 카밍카 피셔 같은 수학자의 기여가 있었기 때문이다.

임자였고, 1918년에 해군 예비군에 고급 부사관으로 입대했습니다.

아주 짧은 기간에 애그니스는 해군의 커뮤니케이션스 머신을 공동 개발 했고, 이것은 1920년대 내내 표준 암호 기계로 쓰였습니다. 애그니스는 해군의 암호 연구과 초대 책임자 로런스 새퍼드와 유명한 암호해독가 조지프 로키퍼트에게 암호학을 가르쳤는데, 로키퍼트는 애그니스가 1926년에 일본 해군의 레드북 암호를, 1930년에 블루북 암호를 해독하는 데 도움을 주었습니다. 또한 제2차세계대전 때 일본 해군의 통신문 해독 작업에서 획기적인 진전을 이룬 팀을 이끈 토머스 다이어도 애그니스의 제자였습니다. 1935년, 애그니스는 숙련된 암호해독가 팀 중에서 일본 해군의 M-1 암호 기계(미국에서는 '오렌지' 기계라는 별명으로 불렀음.)로 만든 암호를 맨 먼저 해독했으며, 1950년까지 해군에서 '최고 암호해독가'로 일했습니다. 30년 이상 군사 및 외교 부문의 교신 내용 해독에서 탁월한 능력을 보여준 애그니스는 '마담 X', '암호학의 영부인'이라는 별명을 얻었습니다.

아이린 카밍카[미국으로 귀화하기 전의 이름은 이레네 카밍카]는 1907년(애그니스 마이어가 오하이오주 콜럼버스에 있는 오터바인대학교에 입학하여 수학과 언어와 함께 통계학, 물리학, 음악을 공부하기 시작한 해)에 오스트리아 빈에서 랍비인 아르만트 카밍카와 그의 아내 사이에서 태어났습니다. 아이린은 고등학교를 졸업한 뒤 빈공과대학교에 진학하여 화법기하학과 사영기하학을 공부했습니다. 1941년, 아이린은 남편 에릭 피셔와 함께 어린 딸을 데리고 나치가 지배하던 오스트리아에서 탈출해 배를 타고 아프리카 남단을 돌아 대서양을 건너 매사추세츠주 보스턴으로 갔습니다. 미국에서 새로운 삶을 시작하면서 아이린은 어릴 때부터 신동으로 유명했던 수학자 노버트 위너를 도와 매사추세츠공과대학교(MIT)에서 시험 답안지를 채점하는 일을 했습니다. 또한 위너의 동료 존 룰을 위해 자신의 사영기하학 지식을 사용해 입체 궤적을 만드는 일을 도운 뒤, 케임브리지 근처에 있던 버킹엄브라운&니컬스학교에서 수학 교사 자리를 얻었습니다.

제2차세계대전 후에 미국은 자국과 동맹국들이 소련과 공산주의 국가들보다 경제적으로나 군사적으로 우위에 서도록 하기 위해 여러 기술(컴퓨터, 항공, 위성통신을 비롯해)에 막대한 투자를 했습니다. 이때, 아이린도 큰 활약을 했습니다. 1946년부터 아이린은 메릴랜드주 포토맥에 있는 육군지도국(AMS)에서 일하기 시작했는데, 25년 동안의 작업 끝에 GPS를 가능하게 한 세계 지구 좌표 시스템을 개발했습니다. 아이린의 측지학 계산은 달의 정확한 시차視差, 마지막 빙하기의 잔존 효과, 지구의 편평도를 결정하는 데에도 사용되었습니다. 아이린은 평생 동안 인상적인 논문을 120편이나 썼으며, 1967년에는 미 육군이 수여하는 민간인공로상을 받았습니다.

뛰어난 수학자이자 저술가, 강연자였던 아이린은 운 좋게도 컴퓨터와 위성기술의 발전으로 지리적 공간 측정에 획기적인 진전이 일어나던 시기에 육군지도국에 합류했습니다. 이러한 진전 중 일부는 여성 팀을 이끌고 최초의 범용 전자디지털컴퓨터를 개발한 아일랜드계 미국인 수학자이자 컴퓨터프로그래머인 케이 맥널티 덕분에 가능했습니다. 아이린이 육군지도국에 합류한 해인 1946년에 완성된 전자 수치 적분기 및 계산기(ENIAC)는 언론에서 "거대한 뇌"라고 불렀는데, 한 사람이 계산하는 것보다 2400배나 빠른 속도로 탄도궤적을 계산했습니다. 하지만 이 책에 나오는 많은 여성과 마찬가지로 ENIAC의 최초 프로그래머 6명(대다수 사람들은 사진 속의 여성들이 새 기계를 광고하는 모델일 거라고 생각했기 때문에 '냉장고 숙녀'라고 불리었지요.)은 수십 년이 지날 때까지 제대로 인정받지 못했습니다. 2010년, 다큐멘터리 영화 제작자 리앤 에릭슨은 〈일급비밀 로지: 제2차세계대전의 여성 '컴퓨터'〉에서 이들의 업적을 자세히 기록해 보여주었습니다.

이 놀라운 여성 수학자 외에도 눈에 띄지 않게 세계경제와 미국인의 생활 방식에 기여한 수많은 여성 수학자들이 있었습니다. 여성 수학자를 많이 고용한 곳 중 하나는 NASA였습니다. NASA는 치열한 우주 경쟁을 주도한 기관으로 사람을 달에 보내고 무인우주탐사선을 태양계 밖으로까지 보냈습니다. 다양한 민족과 경제적 배경을 대표하는 이 여성들은 우주여행을 가능케 했으며, 우주의 본질과 별과 외계 행성에 관한 핵심 데이터를 수집하는 데 큰 도움을 주었습니다. 이어지는 이야기는 바로 그 여성들의 이야기입니다.

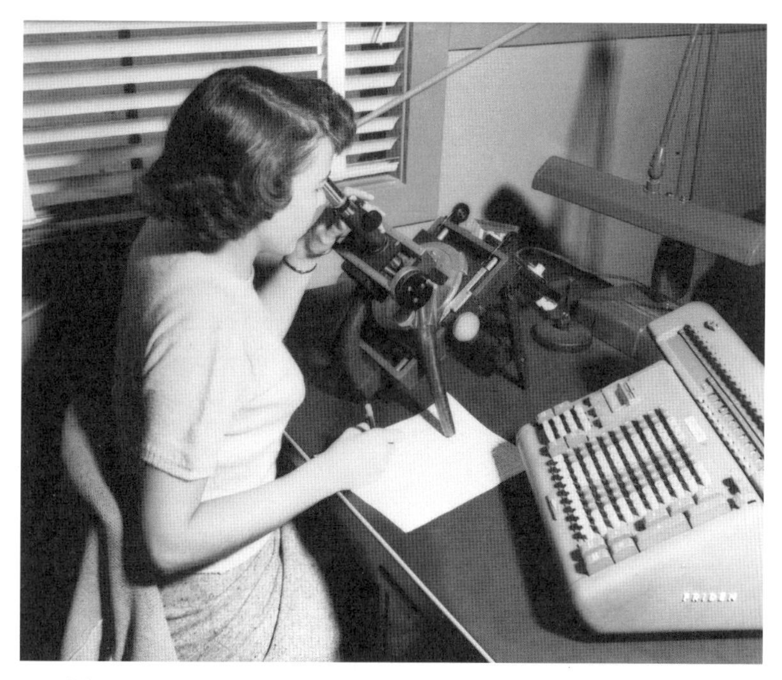

1952년에 NASA의 랭글리메모리얼항공연구소에서 현미경과 프라이든 계산기로 데이터를 수집하고 분석하는 여성.

케이 맥널티와 여러 사람은 제2차세계대전 때 탄도궤적을 계산하기 위해 '컴퓨터'를 고용했다.

이 책에 소개된 많은 여성은 NASA를 위해 한 계산으로 수많은 발견을 이루는 데 큰 도움을 주었다. NASA는 1977년에 무인우주탐사선 보이저호를 두 대 발사했는데, 그 후 40여 년 동안 이 탐사선들은 태양계의 모습을 촬영해 보내왔고, 지금은 태양계를 벗어나 성간공간을 나아가고 있다. 위 사진은 보이저호가 촬영한 8개의 행성과 목성의 4대 위성의 사진들을 모아 만든 몽타주이다.

그레이스 호퍼
Grace Hopper

1906년 ~ 1992년

최초의 컴퓨터 컴파일러를 만든 사람

그레이스 호퍼가 미래를 강조한 것은 자신이 실제로 미래에 살고 있다고 느꼈기 때문이다. 이것은 컴퓨터 시대의 시작에 불과하다. 우리는 컴퓨터로 무엇을 해야 할지 이제 막 알기 시작했다.[1]

— 배서칼리지의 〈이런저런 소식〉

"과감하게 도전하거나 실행하라.Dare or do."는 그레이스 호퍼가 가장 좋아한 말입니다. 이 구호는 1994년에 설립된 그레이스 호퍼 기념식을 위해 매년 모이는 테크놀로지 분야 여성들에게 여전히 큰 영감을 주고 있습니다. 2017년 행사에는 1만 8000명이 넘는 사람들이 참석했습니다.

그레이스 호퍼는 교육을 중시한 부모 밑에서 그레이스 브루스터 머리라는 이름으로 뉴욕시에서 태어났습니다. 호퍼는 천성적으로 호기심이 많아 어릴 때부터 알람 시계와 갖가지 장비를 재미 삼아 분해하곤 했습니다. 호퍼는 1928년에 배서칼리지에서 수학과 물리학 학사학위를 받았고, 1930년에 예일대학교에서 수학 석사학위를 받았습니다. 그러고 나서 배서칼리지에서 13년 동안 학생을 가르치면서 1934년에 예일대학교에서 박사학위를 받았습니다. 곧이어 피타고라스 정수론에 관한 논문이 〈아메리칸 매서매티컬 먼슬리〉에 실렸습니다.

제2차세계대전 중인 1943년에 호퍼는 배서칼리지를 잠시 휴직하고 해군에 들어갔습니다. 처음에는 나이가 너무 많고 키가 작다고 부정적 평가를 받았지만, 결국 미 해군 예비군의 여성 자원봉사대에서 일하게 되었습니다. 호퍼는 하버드대학교의 선박국 계산 프로젝트에 중위로 배정되어 세계 최초의 대규모 컴퓨터인 IBM의 자동 순서 제어 계산기를 다루는 일을 했습니다. 이 컴퓨터는 하버드 마크 I이라는 별명으로 더 잘 알려져 있지요. 이곳에서 호퍼는 자신의 수학적 기술을 활용해 전쟁 물자를 지원했고 특히 다양한 포의 영점조정에 도움을 주었습니다. 호퍼는 시계를 분해하던 시절을 떠오르게 하는 그 일을 정확하게 해내려고 열심히 노력했습니다. 호퍼가 '인상적인 짐승'[2]이라고 불렀던 그 컴퓨터는 길이가 15.3m, 높이가 2.4m, 무게가 약 5톤이나 나갔습니다. 호퍼는 세 번째 컴퓨터 프로그래머라고 불렸는데, 마크 I을 능숙하게 다룬 세 번째 사람이

그레이스 호퍼는 전기 신호가 1나노초(10억분의 1초) 동안
이동하는 거리를 나타내는 이 전선 조각을 수천 개나 배포했다.

호퍼가 1928년에 물리학과 수학 학사학위를 받은
배서칼리지 정문.

제2차세계대전 때 호퍼와 크러프트연구소 동료들이 하버드 마크 I 컴퓨터 앞에서 찍은 사진.

1947년, 하버드대학교 계산연구소 책상 앞에 앉아있는 호퍼.

호퍼는 최초의 상업용 컴퓨터인 유니박 I의 개발을 도왔다. 사진의 컴퓨터는 유니박 1105 모델로, 1950년대 초에 미국 인구조사국에 있던 유니박 I을 대체했다.

었기 때문이지요. 심지어 561쪽에 이르는 사용 설명서도 만들었습니다. 또한 호퍼는 그 후속 제품인 마크 II와 마크 III에도 통달한 전문가가 되었습니다. 이 컴퓨터들에 관한 연구로 호퍼는 1946년에 해군병기개발상을 받았습니다.

1949년, 호퍼는 에커트-모클리컴퓨터회사에 선임 수학자로 입사하면서 산업계에 뛰어들었습니다. 이곳에서는 최초의 상업용 컴퓨터인 유니박UNIVAC I이라는 컴퓨터를 능숙하게 다루는 법을 터득했습니다. 특정 프로그램을 실행하기 위해 동일한 명령을 다시 입력하는 방법(이 방법은 오류가 자주 발생하는 단점이 있었지요.) 대신에, 호퍼는 프로그래머들이 공책에 명령을 기록해 '공유 코드 라이브러리'를 만들자고 제안했습니다.[3] 이 간단한 혁신 덕분에 호퍼와 프로그래머 팀은 A-O를 만들었는데, 이것은 수학적 코드를 이진코드(0과 1만 사용하는 수 체계)로 번역한 최초의 컴파일러였습니다. 이 컴파일러는 지금도 기계언어로 남아있습니다.

거기서 출발해 호퍼는 플로매틱을 개발하는 일을 도왔습니다. 플로매틱은 단어를 기반으로 한 컴파일러로, 단어로 구성된 20개의 문장을 명령어로 사용해 프로그래밍함으로써 유니박 I과 II를 일상적인 작업 공간에서 더 쉽게 사용할 수 있게 했습니다. 컴퓨터는 단어를 이해하지 못한다는 말을 반복적으로 들었지만, 호퍼는 오랜 세월 동안 영어를 기반으로 한 완전한 컴퓨터언어 개념을 강력하게 주장했습니다. 1959년, 호퍼는 플로매틱을 기반으로 최초의 범용 컴퓨터언어인 코볼COBOL의 개발과 표준화를 도왔습니다. 호퍼는 자신의 지식과 코볼에 대한 열정, 훌륭한 의사소통 능력을 결합해 군, 특히 해군과 기업에서 코볼을 널리 사용하도록 큰 영향력을 행사했습니다. 그 덕분에 1970년대에 코볼은 '가장 널리 사용되는 컴퓨터언어'가 되었습니다.

호퍼는 민간 부문과 해군(1986년에 소장으로 전역)에서만 활발한 활동을 펼치는 데 그치지 않고, 학계와 교육 부문에도 공헌했습니다. 평생 호퍼는 해군 예비군을 위해 자문과 강연을 했을 뿐만 아니라, 여러 대학에서 방문 강사와 교수직을 맡았습니다. 은퇴 후에도 디지털 이큅먼트 코퍼레이션(DEC)에서 선임 자문 위원으로 일하면서 자신의 지혜를 나누어주었습니다.

호퍼는 뛰어난 기술과 군사적 지도력으로 많은 상과 찬사를 받았는데, 그중에는 1969년에 데이터처리관리협회가 수여한 초대 컴퓨터과학 올해의 인물상도 있습니다. 미국 국방부는 비전투원에게 수여하는 최고 등급 훈장인 국방공로훈장을 수여했습니다. 1973년에 호퍼는 여성으로서 최초로, 또 미국인으로서도 최초로 영국컴퓨터학회의 특별 회원으로 선출되었습니다. 해군은 1987년에 진수한 첨단 미사일 구축함에 호퍼호라는 이름을 붙였습니다.(그 구축함에 탑승한 수병들은 자신들의 배를 '어메이징 그레이스'라고 불렀지요.) 호퍼가 세상을 떠난 지 약 25년이 지난 2016년, 미국 정부는 호퍼에게 대통령 자유 훈장을 수여했습니다. 호퍼는 많은 기술 혁신을 이루었지만, 자신의 가장 큰 업적은 "내가 훈련시킨 그 모든 젊은이"[4]라고 믿었습니다.

컴퓨터 '버그'의 유래

어느 날 밤, 마크 II에 오작동이 일어났다. 호퍼와 동료들은 기계에 끼인 큰 나방이 그 원인이라는 사실을 발견했다. 그때부터 호퍼와 동료들은 컴퓨터에 일어나는 모든 장애를 버그(bug, 벌레란 뜻)라고 부르고, 문제를 해결하는 것을 디버깅(debugging, 벌레를 없앤다는 뜻)이라고 부르기 시작했다.

1983년에 로널드 레이건 미국 전 대통령은
호퍼를 해군 준장에 임명했다.

2009년, 태평양에서 미사일을 발사하는 미 해군 구축함 호퍼호.

메리 골다 로스
Mary Golda Ross

1908년 ~ 2008년

아메리카 원주민 출신의 선구적인 로켓 과학자

오늘날의 세상에서 효율적으로 기능하려면 수학이 필요하다. 세상은 기술에 너무나도 크게 의존하고 있어서, 그 안에서 일하려고 계획할 때 수학적 배경이 있으면 더 멀리 그리고 더 빨리 나아갈 수 있다.[1]

— 메리 골다 로스

남녀 모두에게 평등한 교육을 제공하는 것은 체로키족의 오랜 전통이었습니다. 메리 골다 로스가 남학생만 가득 찬 강의실에 유일한 여학생으로 앉아있는 것에 크게 개의치 않은 이유는 이 때문일지 모릅니다. 로스의 수학 실력과 불굴의 의지는 훗날 미국의 우주 계획에 큰 도움을 주었습니다.

로스는 오클라호마주 체로키 카운티 남서부에 위치한 파크힐에서 자랐습니다. 로스의 고조할아버지는 1828년부터 1866년까지 체로키 국가의 지도자였던 존 로스 추장이었습니다. 로스 가족은 19세기 중엽에 미국 정부가 체로키족을 조지아주에서 인디언 준주로 강제 이주시킨 '눈물의 길' 사건을 통해 오클라호마주에 정착했습니다. 로스는 어릴 때부터 수학에 큰 흥미를 느꼈습니다. 로스는 로럴 셰퍼드와 한 인터뷰에서 이렇게 설명했지요. "수학은 그 어떤 것보다 재미있었어요. 수학은 내게 늘 게임이었습니다."[2] 로스는 자신이 교육을 잘 받은 데에는 부모의 역할이 컸다고 말했습니다. "부모님은 성공하려면 교육이 필요하다고 믿었지요. 저는 학교를 단 하루도 빠지지 않았습니다."[3]

로스는 고조할아버지가 설립을 도운 대학인 노스이스턴주립사범대학교(지금의 노스이스턴대학교)에 16세 때 입학하여 20세 때 수학 학사학위를 받고 졸업했습니다. 그리고 9년 동안 오클라호마주 시골 지역의 여러 공립학교에서 어린이에게 수학과 과학을 가르쳤고, 남녀공학인 푸에블로족과 나바호족 학교에서 여학생 상담교사로도 일했습니다. 1937년이 되자 로스는 더 넓은 세상을 보아야겠다고 마음먹었습니다. 그래서 워싱턴 D.C.에 있는 인디언사무국에 통계 사무원으로 들어갔고, 그곳에서 일하는 동안 콜로라도주립사범대학교(지금은 그릴리에 있는 노던콜로라도대학교)를 다니며 1938년에 수학 석사학위를 받았습니다.

로스는 친구들을 통해 캘리포니아주 버뱅크에 있는 록히드항공

1950년 무렵에 가족과 자리를 함께한 메리 골다 로스(오른쪽에서 두 번째). 찰스 로스와 그 아내 맥신 밀러 로스(맨 왼쪽), 어머니 헨리에타 무어 로스(한가운데), 그리고 여동생 프랜시스 커티스 로스 글라이드웰(맨 오른쪽)과 함께 찍은 사진이다.

이 사람은 누구일까요?

1950년부터 1967년까지 방영되어 큰 인기를 끈 TV 게임 쇼 〈왓츠 마이 라인?〉은 유명 인사들이 나와서 출연자의 직업을 추측하는 게임 쇼였다. 메리 골다 로스는 1958년 6월 22일에 출연했는데, 유명 인사들은 로스의 정체를 알아내지 못했다. 잭 레먼을 포함해 유명 인사 중에서 로스가 록히드사에서 로켓 미사일과 인공위성을 설계하는 일을 한다고 추측한 사람은 아무도 없었다.

1952년에 방영된 〈왓츠 마이 라인?〉 쇼에서 눈을 가리고 있는 유명 인사 패널들.

사에서 전문 기술 인력을 구한다는 소식을 들었습니다. 로스는 인상적인 경력 덕분에 고문 수학자의 조수 자리를 얻을 수 있었습니다. 그리고 시속 400마일을 처음으로 돌파한 P-38 라이트닝 같은 전투기의 개발 작업을 도왔지요. 록히드항공사에서 일하는 동안 캘리포니아대학교에서 항공공학과 기계공학을 공부해 1949년에 캘리포니아주 전문 공학자 자격증을 땄습니다.

1952년, 록히드사가 미사일 시스템 부문을 만들었을 때, 로스는 그 부문에 최초로 배정된 직원 40명 중 1명으로 선발되었습니다. 로스는 록히드사의 일급비밀 조직인 스컹크웍스에서 유일한 여성 엔지니어이자 유일한 아메리카 원주민이었습니다. 스컹크웍스는 성장을 거듭해 나중에 록히드미사일우주회사가 되었습니다. 로스는 그 당시의 상황에 대해 이렇게 말했습니다. "그렇게 작은 팀에서는 모든 것을 직접 해야 했습니다. 공기역학, 구조 등등…. 나는 록히드미사일우주회사가 탄생하던 첫 순간부터 함께했어요. 그보다 더 이상적인 상황도 없었지요."[4]

록히드사에서 로스는 방어미사일 시스템을 연구하고 탄도미사일 시스템의 개념 설계를 도왔습니다. 로스는 〈산호세 머큐리 뉴스〉에 실린 기사에서 그 시절을 회상하며 이렇게 말했습니다. "우리 중에서 4명이 밤 11시까지 일한 적도 많았지요. 나는 지겹도록 많은 연구를 했습니다. 사용한 첨단 도구는 계산자와 프리든 컴퓨터였지요." 이 시기에 로스가 한 일 중 많은 것은 비밀로 분류되어 지금도 그 상태로 남아있습니다.

국가적 노력이 무기에서 우주로 옮겨 갔을 때에도 로스는 중요한 기여를 했습니다. 로스는 유체역학 부문에서 연구했고 아제나 로켓의 개발도 도왔는데, 아제나 로켓은 성공적인 발사 후 미국을 우주시대로 나아가게 하는 데 큰 역할을 했습니다. 또한 로스는 화성과 금성 탐사의 임무 기준을 개발하는 일도 했으며, NASA 행성 비행

스컹크웍스의 유래

1943년, 혁신적인 인재였던 클래런스 '켈리' 존슨이 XP-80 슈팅스타 제트 전투기의 설계 제안서를 제출한 후에 운영하기 시작한 스컹크웍스는 록히드항공사 내부의 소규모 게릴라 개발 팀이었다. 이곳 공학자들은 더 큰 기업의 규칙이나 조직을 따르지 않았기 때문에 설계와 제품을 더 빠르고 효율적으로 개발할 수 있었다. 예를 들면, XP-80은 예정보다 빠르게, 불과 143일 만에 설계되고 제작되었다. 그 당시에 미국은 독일과 전쟁 중이어서 제트전투기 기술이 절실히 필요했기 때문에 하루라도 개발을 앞당기는 것이 아주 중요했다.

'스컹크웍스'라는 이름에는 흥미로운 뒷이야기가 있다. 그 당시에 인기를 끈 신문 연재만화 〈릴 애브너〉는 숲에 있는 '스콩크웍스Skonk Works'라는 장소에 관한 농담을 늘 했는데, 이곳은 스컹크와 냄새가 고약한 여러 물질로 강한 술을 만드는 양조장이었다. 켈리 존슨이 팀을 처음 만들었을 때, 록히드사 건물에는 그의 팀이 일할 공간이 없어 할 수 없이 지독한 악취로 유명한 공장 옆에 있던 서커스 텐트를 임대해 그곳에서 일해야 했다. 공학자 중에 〈릴 애브너〉의 팬이었던 어브 컬버가 있었는데, 어느 날 걸려 온 전화에 "네. 스콩크웍스에서 일하는 컬버입니다."라고 대답했다.[5] 그러자 얼마 후부터 팀원들이 그 이름을 살짝 바꾸어 자신들을 '스컹크웍스'라고 부르기 시작했다고 한다. 물론 그것은 다소 불쾌한 작업환경을 빗댄 이름이었다.

1965년에 자신이 설계한 비행기 모형 옆에 서있는 클래런스 '켈리' 존슨.

메리 골다 로스는 P-38 라이트닝 같은 전투기의 개발 작업을 도왔는데, P-38은 최대 시속이 640km에, 1분 만에 1000m 고도까지 날아오를 수 있어 그 당시로서는 획기적이고 혁명적인 비행기였다. P-38은 무게가 900kg에 이르는 폭탄을 싣고 적선을 침몰시킬 수 있었고, 이 비행기를 몬 파일럿들은 제2차세계대전 동안에 다른 비행기 파일럿들보다 더 많은 적기를 격추했다.

편람 제3권을 저술했습니다. 이 책은 그 후 40년 동안 일어날 우주여행 계획을 수립했습니다. 1960년대에는 고등 시스템 선임 공학자로 포세이돈과 트라이던트 미사일을 개발하는 데에도 기여했습니다. 그리고 훗날 화성과 금성을 탐사할 무인우주탐사선 개발 작업에도 관여했습니다.

1973년에 록히드사에서 은퇴한 뒤, 로스는 여성과 아메리카 원주민에게 공학과 수학을 배울 기회를 제공하기 위한 노력을 적극적으로 지원했습니다. 그리고 에너지자원부족협의회와 아메리카인디언과학공학협회에서 교육 프로그램을 확대했을 뿐만 아니라, 여성공학자협회의 설립도 도왔습니다. 또 여성공학자협회 로스앤젤레스 지부의 공동 창립자로 참여하여 10년 이상 지도자로서 일했습니다.

로스는 에너지자원부족협의회와 실리콘밸리 엔지니어링 명예의 전당을 비롯한 많은 단체에서 상을 받았습니다. 로스는 뉴욕주 버펄로주립대학교에 로런스 키니가 세운 조각상 〈메리 G. 로스: 과학자, 공학자, 체로키족 미국인〉과 아메리카 메러디스가 그려 스미스소

니언협회에 걸려있는 〈Ad Astra per Astra〉 같은 미술작품을 통해 불멸의 존재로 남았습니다. 이 작품들에는 로스가 체로키족 출신이라는 사실과 아제나 로켓 개발에 기여한 업적이 언급되어 있습니다.

로스는 100세 생일을 불과 몇 달 앞둔 2008년에 세상을 떠났습니다. 로스는 자신의 삶에서 일어난 모든 일에 항상 감사했습니다. "나는 아주 운이 좋아 즐거운 일을 아주 많이 경험했습니다. 내 인생은 늘 모험의 연속이었습니다." 로스는 오클라호마주 체로키 카운티의 파크힐에 묻혔습니다. 묘비에는 "She Reached for the Stars.(그녀는 별을 향해 손을 뻗었다.)"라는 문구와 함께 로켓이 새겨져 있습니다.[6]

로켓과 미사일의 차이점은 무엇일까?

로켓과 미사일의 주요 차이점은 추적 방식에 있다. 로켓은 탄두와 추진장치(고체 로켓 모터 같은)가 있다. 로켓은 전통적인 폭탄(일단 발사되면, 폭탄의 궤적에 영향을 미치는 요소는 오직 중력뿐인)보다 더 빨리 그리고 더 멀리 날아갈 수 있다. 하지만 로켓은 특정 표적을 찾아가도록 도와주는 유도장치가 없다. 미사일도 로켓과 마찬가지로 탄두와 추진장치가 있지만, 거기에 더해 유도장치가 있다. 유도장치는 레이더나 레이저 또는 GPS 같은 기술을 사용해 미사일이 원하는 표적을 향해 날아가도록 도와준다.

1977년 1월 18일 플로리다에서 탄도미사일 트라이던트가 처음으로 발사되는 장면.

1979년 5월에 포세이돈미사일(메리 골다 로스가 1960년대에 개발을 도운 미사일 중 하나)이 탄도미사일 잠수함에서 발사되는 장면.

아메리카 메러디스가 메리 골다 로스를 묘사한 그림. 이 그림에는 라틴어로 〈Ad Astra per Astra〉라는 제목이 붙어있는데, '별을 넘어 별로'라는 뜻이다.

도러시 존슨 본
Dorothy Johnson Vaughan

1910년 ~ 2008년

NASA에서 로켓 개발을 이끈 여성 수학자

사람들은 엄마가 천재라고 이야기했지만, 엄마는 자신이 천재라는 사실을 몰랐다고 나는 생각합니다. 우리에게는 그냥 엄마였지요.[1]

— 본의 딸 앤 해먼드

NASA의 스카우트 발사체 계획에 참여한 사람들은 미국의 우주 연구에 특별한 기여를 했습니다. 그들이 만든 발사 시스템은 단순성과 생산성과 신뢰성의 표준을 세웠습니다. 그들은 타협이 없는 정확성 기준을 수립하고 흔들리지 않는 탁월성을 추구함으로써 그 일을 해냈습니다. 그 팀의 중요한 인물 중 한 명은 미국 최초의 인공위성을 우주로 궤도에 올리는 데 기여한 NASA 수학자 도러시 존슨 본이었습니다.

본은 1910년 9월 20일 미주리주 캔자스시티에서 도러시 존슨이란 이름으로 태어났습니다. 7세 때 가족이 웨스트버지니아주 모건타운으로 이사했고, 본은 14세 때 비처스트고등학교를 졸업했습니다. 본은 전액 장학금을 받고 오하이오주 윌버포스대학교에 입학했고, 그곳에서 여학생 클럽인 알파카파알파의 제타 지부에 가입했습니다. 그리고 4년 뒤 대공황이 막 닥치던 무렵에 수학 학사학위를 받았습니다. 한 교수가 본의 뛰어난 능력을 알아차리고 하워드대학교에서 대학원 과정을 밟으라고 권했지만, 본은 넉넉지 않은 집안 형편을 생각해 분리주의 정책을 따르던 버지니아주 팜빌의 로버트루사모턴고등학교에서 수학을 가르치는 길을 선택했습니다. 그리고 얼마 후 하워드 본 주니어를 만나 결혼했습니다.

그 후 11년 동안 본은 팜빌에서 6명의 자녀를 키우면서 수학과 피아노를 가르쳤습니다. 1943년에 가족은 버지니아주 뉴포트뉴스로 이사했고, 그곳에서 본은 NASA의 전신인 미국항공자문위원회(NACA)에서 수학자 자리를 얻었습니다. 루스벨트 프랭클린 전 미국 대통령의 행정명령 제8802호로 연방 기관과 방위산업체에서 차별이 금지된 후에 NACA의 산하기관인 랭글리메모리얼항공연구소는 본을 고용해 데이터 처리 업무를 맡겼습니다.

하지만 행정명령의 효력은 한계가 있었습니다. 작업 공간과 화장실, 식사 공간을 분리해야 한다는 짐크로법이 여전히 살아있었

본이 11년 동안 수학을 가르친 버지니아주 팜빌의 로버트루사모턴고등학교. 이곳 학생들은 1954년에 공립학교에서의 인종차별을 법적으로 끝낸 브라운 대 교육위원회 재판에서 중요한 역할을 했다.

1922년에 찍은 이 사진의 인물들은 오하이오주 윌버포스대학교의 여학생 클럽인 알파카파알파에서 흑인으로만 구성된 제타 지부 회원들이다.

1950년에 NACA의 사교 모임을 찍은 사진. 맨 왼쪽에 앉아있는 사람이 본이다.

기 때문에, 본은 흑인 여성 수학자 집단과 함께 분리된 '서쪽 구역 컴퓨팅' 부서에서 일해야 했습니다. 마고 리 셰털리가 《히든 피겨스》에서 쓴 것처럼 본은 서쪽 구역 컴퓨팅의 "세상에서 가장 배타적인 여성 클럽"[2]에서 자신의 가치를 인정받았습니다. 셰털리는 그 집단이 얼마나 배타적이었는지 다음과 같이 자세히 설명했습니다.

> **1940년에는 흑인 여성 중 2%만이 대학교 졸업장을 받았고, 그중 60%가 교사가 되었는데, 대부분 공립초등학교와 고등학교에서 근무했습니다. 1940년도 대학 졸업생 중에서 공학자가 된 비율은 정확히 0%였습니다.**[3]

하지만 본은 단지 수리공학자가 되는 데 그치지 않았습니다. 1948년에 랭글리메모리얼항공연구소에서 승진하여 서쪽 구역 컴퓨팅 부서 책임자가 됨으로써 조직에서 최초의 흑인 관리자가 되었습니다. 그 위치에서 본은 다른 부서의 컴퓨터들과 협력하고, 적절한 인물을 적재적소에 추천하고, 여성 컴퓨터를 옹호할 수 있었는데, 본은 피부색에 상관없이 열정적으로 여성 컴퓨터를 응원했습니다.

본은 거의 10년 동안 서쪽 구역 컴퓨팅 부서를 책임지고 이끌었습니다. 1958년에 NACA가 NASA가 되면서 서쪽 구역 컴퓨팅 부서를 포함해 그동안 분리 정책을 따르던 시설들이 폐지되었습니다. 도러시 본은 서쪽 구역에서 일했던 많은 컴퓨터와 함께 새로 생긴 부서인 분석계산부ACD에 합류했는데, 이곳은 전자 컴퓨팅의 최전선에서 일하는 남성들과 여성들을 통합한 부서였습니다. 본은 포트란 전문 프로그래머가 되었으며, 비밀리에 진행된 로켓을 사용해 인공위성을 지구 주위 궤도에 올려놓는 스카우트 발사체 계획에도 참여했습니다. 본은 수많은 우주 임무의 궤적을 계산했고, 그중에는 앨런 셰퍼드를 우주공간으로 나간 최초의 미국인으로 만든 우주비행과 1969년에 일어난 아폴로 11호의 달 탐사도 포함됩니다.

본은 랭글리연구센터에서 다른 관리 직책을 맡길 원했지만 얻지 못했고, 1971년에 NASA에서 은퇴했습니다. 1994년에 본은 자신의 경력을 회상하면서 이렇게 말했습니다. "나는 할 수 있으면 변화시켰고, 할 수 없으면 참고 견뎠습니다."[4] 2008년에 본이 사망한 후, 마고 리 셰털리가 쓴 동명의 책을 바탕으로 만든 영화 〈히든 피겨스〉가 나왔습니다. 오스카상 수상 배우인 옥타비아 스펜서가 본의 지성과 조용한 불굴의 용기를 잘 표현했습니다. 본이 NASA에서 이룬 업적은 메리 윈스턴 잭슨(108쪽 참고), 유니스 스미스, 캐서린 존슨(98쪽 참고), 캐스린 페드루 같은 서쪽 구역 컴퓨팅 부서 '컴퓨터'들의 성공적인 경력을 위해 기반을 닦았을 뿐만 아니라, 소닉붐 기술의 개발을 이끈 크리스틴 다든을 포함한 제2세대 아프리카계 미국인과 여성 수학자와 공학자가 성장할 수 있는 길을 닦았습니다.

2009년, NASA는 아프리카계 미국인 남성(찰스 볼든 국장)과 여성(다바 뉴먼 부국장)이 책임자가 되어 이끌었습니다. 현재 NASA의 탄탄하고 다양한 인력과 지도력이 구축된 배경에는 웨스트버지니아주 모건타운 출신의 재능 있는 수학자이자 프로그래머, 그리고 여섯 아이의 어머니였던 본의 헌신이 있었습니다.

사진 속 크리스틴 다든 박사는 NASA에서 일하는 동안 소닉붐을 연구했다.

본과 본이 이끈 '서쪽 구역 컴퓨터들'은 인공위성을 지구 궤도에 올려 보낸 NASA의 스카우트 발사체 계획에서 필수적인 역할을 했다. 사진은 1965년에 스카우트 B호가 처음 발사되는 장면이다.

캐서린 존슨
Katherine G. Johnson

1918년 ~ 2020년

정확한 계산으로 아폴로 13호를 무사히 귀환시킨 수학자

모든 사람은 그들을 그곳에 보내는 것에 신경을 썼지요.
우리는 그들을 데려오는 데 신경을 썼습니다.

— 캐서린 존슨이 아폴로 13호 임무에 관해 한 말

우주비행사 앨런 셰퍼드를 우주로 보내고 다시 안전하게 지구로 돌아오게 한 수학적 계산에는 그의 생사가 달려있었습니다. 1961년에 그 힘든 계산을 정확하게 해내 프리덤 7호의 우주 임무를 성공으로 이끈 사람이 바로 캐서린 존슨입니다. 존슨의 연구는 최초로 미국인을 우주로 보내고 미국의 전체 우주 계획을 성공으로 이끄는 데 필수적인 역할을 했습니다.

1918년에 벌목꾼과 교사인 부모님 사이에서 네 자녀 중 막내로 태어난 존슨(어릴 때 이름은 캐서린 콜먼)은 웨스트버지니아주에서 자랐습니다. 수학적 재능의 싹은 어릴 때부터 보였습니다. 존슨은 작가이자 인터뷰어인 마고 리 셰털리에게 이렇게 말했습니다. "나는 모든 것을 세었어요. 큰길까지 가는 발걸음 수, 교회까지 가는 발걸음 수, 설거지한 접시와 나이프와 포크의 수 등등… 셀 수 있는 것은 모조리 다 셌습니다."[1,2] 존슨은 학습 진도가 아주 빨라 10세 때 이미 고등학교에 진학했고, 15세 때 웨스트버지니아주립대학교에 입학하여 영어와 프랑스어, 수학을 공부했습니다.

아프리카계 미국인으로서는 세 번째로 수학 박사학위를 받은 시펄린 클레이터 교수가 존슨에게 훌륭한 수학자가 될 자질이 있다면서 그 길을 걷도록 도와주겠다고 제안했습니다. 심지어 오로지 존슨만을 위해 공간의 해석기하학 강좌까지 만들었습니다. 존슨은 자신의 성공에 클레이터 교수가 큰 역할을 했다고 인정했습니다. "제자에게 이런저런 분야에서 잘할 것이라고 말하는 교수는 많지만, 그 길을 걸어가도록 항상 도와주는 것은 아닙니다. 하지만 클레이터 교수는 제가 연구 수학자가 될 자질이 있다고 확신했지요."[3]

1937년, 18세 때 존슨은 수학과 프랑스어 두 부문에서 학사학위를 받으며 최우등으로 졸업했습니다. 그러고 나서 아프리카계 미국인 공립학교에서 교사(그 당시로서는 아프리카계 미국인 여성이 선택할 수 있었던 괜찮은 직업 중 하나)로 일하기 시작했습니다. 2년 뒤, 대학

1961년, 우주 임무를 무사히 마치고
귀환한 앨런 셰퍼드.

1962년, 버지니아주 햄프턴에 있던 NASA의 랭글리연구센터에서
계산기와 천구의가 놓인 책상 앞에 앉아있는 캐서린 존슨.

원들을 통합하기로 한 주의 결정에 따라 웨스트버지니아대학교에서 대학원 과정을 밟을 기회가 생기자 교사 일을 그만두었습니다. 하지만 존슨은 제임스 고블과 가정을 꾸리기 위해 대학원 과정을 중도에 포기했습니다. 존슨과 고블 사이에서는 세 딸이 태어났고, 고블은 1956년에 뇌종양으로 사망했습니다.

1952년의 가족 모임에서 존슨은 NACA의 유도항행과에서 수학자를 모집한다는 사실을 알게 되었습니다. 1953년에 일자리를 얻은 존슨은 가족과 함께 버지니아주 햄프턴에 있는 랭글리메모리얼항공연구소 근처로 이사했습니다. 그곳에서 존슨은 다른 여성들과 함께 비행시험 데이터분석을 포함해 수학적 계산을 했습니다. 존슨은 폭넓은 해석기하학 지식과 호기심이 많은 성격 덕분에 남성으로만 구성된 비행 연구팀에 임시로 배정되었습니다. 존슨은 편집 회의(여성의 참석이 금기시되던 시절)에 참석하고 다양한 계획에 기여하면서 소중한 구성원으로 인정받았습니다. 그곳에서 존슨은 1953년부터 1958년까지 서쪽 구역 컴퓨팅 부서와 랭글리비행연구부문의 유도제어과에서 수학 계산을 했습니다.

그 부서 사람들은 모두 똑같은 일을 했는데도, 존슨과 컴퓨팅 풀의 다른 아프리카계 미국인 여성들은 '유색 컴퓨터'라는 작업 공간에서 백인 컴퓨터들과 분리된 채 일해야 했습니다. NASA는 1958년에 분리된 작업 공간을 없앴지만 차별은 여전히 남아있었습니다. 존슨은 이렇게 회상했습니다.

NASA 초창기에는 보고서에 여성의 이름이 올라갈 수 없었지요. 우리 부서의 어떤 여성도 보고서에 그 이름이 올라가지 않았습니다. 나는 테드 스코핀스키와 함께 일했는데, 그는 그곳을 떠나 휴스턴으로 가려고 했습니다. 하지만 상사인 헨리 피어슨은 테드에게 우리가 함께 작업하고 있던 보고서를 마치라고 계속

강요했습니다. 그는 여성을 높게 평가하지 않았지요. 마침내 테드가 상사에게 말했죠. "캐서린에게 보고서 완성을 맡겨야 합니다. 사실상 대부분의 일은 캐서린이 한 것이니까요." 그렇게 테드는 떠났고 피어슨은 선택의 여지가 없었지요. 나는 보고서를 완성했고, 거기에는 내 이름이 올라갔습니다. 우리 부서에서 무언가에 여성의 이름이 올라간 것은 그때가 처음이었습니다.[4]

1959년, 존슨은 한국전쟁 참전 용사인 제임스 존슨 대령과 결혼했습니다. 존슨은 1958년에 작성된 문서 〈우주기술에 관한 메모〉의 수학에 기여했는데, 이 문서는 비행연구부와 무인비행기연구부의 공학자들이 한 강연에 초점을 맞추었습니다. 우주임무그룹의 핵심 인력은 이 부서들에서 온 공학자들과 캐서린 존슨이었습니다. 존슨은 이전에 그들 중 많은 사람과 함께 일한 적이 있었고, 1958년에 NACA가 NASA가 되면서 이 계획에 합류했습니다. 존슨은 1961년 5월 5일, 앨런 셰퍼드가 우주비행에 나설 때 그 궤적을 계산했습니다. 뿐만 아니라, 바다에 착수한 프리덤 7호의 머큐리 캡슐을, 그 정확한 궤적을 계산함으로써 신속하게 찾는 데 도움을 주었습니다. 존슨은 또한 1961년에 머큐리계획의 발사 가능 시간대를 계산했고, 장래의 화성 탐사 임무에 필요한 계산도 했습니다.

존슨이 수학자로서 얼마나 큰 신뢰를 받았는지 보여주는 유명한 일화가 있습니다. NASA에서 처음으로 전자 컴퓨터를 사용해 우주비행사 존 글렌이 지구 주위를 도는 궤도를 계산하려고 했을 때, 글렌은 따로 존슨에게 기계식계산기로 계산해 컴퓨터의 결과가 옳은지 확인해 달라고 요청했습니다. 컴퓨터에는 글렌의 프렌드십 7호가 발사 순간부터 착수할 때까지 캡슐의 궤적을 제어할 궤도 방정식이 프로그래밍되어 있었지만, 우주비행사들은 고장이나 작동 중단이 일어나곤 하는 전자계산기를 완전히 믿지 못했습니다. 하지만

1930년에 촬영한 랭글리메모리얼항공연구소 본부 건물.
이 건물에서 여성 컴퓨터들이 일했다.

캡슐이 바다에 착수한 직후에 앨런 셰퍼드가 물에서 나와 미 해병대 헬리콥터로 올라가고 있다.
셰퍼드는 이 임무의 성공으로 우주로 나간 최초의 미국인이라는 영예를 얻었다.

아폴로계획의 달 착륙 임무 프로필은 NASA의 캐서린 존슨을 포함한
인간 컴퓨터 팀이 계산한 궤적을 보여준다.

1970년 4월 17일에 아폴로 13호 사령선이 무사히 바다에
착수하자, 운항 담당자들이 환호하고 있다.

존슨 덕분에 글렌의 우주비행은 성공했고, 이는 미국과 소련 사이에 벌어진 우주 경쟁에서 전환점이 되었습니다.

존슨은 또한 1969년에 아폴로 11호의 달 여행 궤적을 계산하는 일도 도왔습니다. 1970년에는 아폴로 13호의 달 탐사 임무에도 참여했습니다. 산소 탱크 2개가 폭발하면서 우주공간에서 임무가 중단되는 사태가 발생하자, 존슨은 탑승한 우주비행사를 무사히 귀환시키기 위해 안전한 경로를 계산했습니다. 존슨은 2010년에 한 인터뷰에서 그 순간에 대해 이렇게 말했습니다. "모든 사람은 그들을 그곳에 보내는 것에 신경을 썼지요. 우리는 그들을 데려오는 데 신경을 썼습니다." 아폴로 13호 임무 동안 존슨이 한 연구는 우주비행사들이 우주에서 자신의 위치를 정확하게 파악할 수 있는 '한 별 관측 방법'을 확립하는 데 도움을 주었습니다.

1986년, STEM의 선구자이자 롤 모델인 존슨은 33년 동안 일한 뒤에 랭글리연구센터에서 은퇴했습니다. 존슨은 NASA의 달궤도선상과 NASA의 특별공로상 3개를 포함해 많은 상과 영예를 누렸습니다. 또한 1997년에 미국기술협회에서 올해의 수학자로 선정되었으며, 1999년에는 웨스트버지니아주립대학교에서 모교를 빛낸 올해의 졸업생으로 선정되었습니다. 2015년, 버락 오바마 미국 전 대통령은 "흑인 여성은 미국 역사의 모든 위대한 운동에서 한몫을 담당했습니다. 비록 자기 목소리를 낼 기회가 주어지지 않았더라도 말입니다."라고 말했습니다. 몇 달 뒤, 오바마 미국 전 대통령은 대통령 자유 훈장(미국에서 민간인이 받을 수 있는 최고의 훈장)을 존슨에게 수여하면서 존슨을 "인종과 젠더의 장벽을 허물고, 젊은이들에게 누구나 수학과 과학에서 뛰어난 성과를 거둘 수 있음을 보여준 선구자"[5]라고 불렀습니다.

존슨은 논픽션 작품 《히든 피겨스》에 주인공으로 나오고, 같은 제목의 영화에서 배우 터라지 헨슨이 존슨의 역할을 연기했습니다. 버

아폴로 13호: "휴스턴, 문제가 생겼다."

아폴로 13호는 달에 세 번째로 착륙할 우주선이었지만, 그 목적을 달성하는 데 실패했다. 1970년 4월 11일 오후 2시 13분에 케네디우주센터에서 이륙한 뒤, 우주비행사 짐 러벨, 잭 스위거트, 프레드 헤이즈가 탄 아폴로 13호는 이틀 동안 아무 탈 없이 순항했는데, 그때 갑자기 큰 폭발 소리가 들려왔다. 밖을 내다보니 우주선에서 뭔가 새고 있었다. 산소 탱크에서 새어 나오는 액화 산소였다. 산소 탱크 폭발은 치명적인 재앙이었다. 전력과 물, 산소를 극도로 아껴 쓰지 않으면 70시간 이상의 귀환 여행에서 무사히 살아남기가 불가능했기 때문이다. 이렇게 자원이 부족한 상태에서 달 착륙은 이미 불가능해졌고, 목표를 바꾸어야 했다. 캐서린 존슨은 연료가 부족한 아폴로 13호를 지구로 무사히 귀환시키기 위해, 달에 접근하면서 달의 중력을 추진력으로 이용해 달 주위를 빙 돌아 지구로 돌아오는 궤적을 계산했다. 동부표준시로 4월 17일 1시 7시 40분, 전 세계 사람들이 숨을 죽이고 지켜보는 가운데 아폴로 13호의 사령선은 안전하게 지구의 바다에 착수했다. 우주비행사들은 비록 지치고 눈에 띄게 수척한 모습이긴 했지만 무사히 귀환했다. NASA 부국장 토머스 페인은 "아폴로 13호의 임무는 실패로 간주되어야 하겠지만, 미국의 우주 계획에서 이보다 더 자랑스러운 순간은 없었습니다."[6]라고 말했다.

지니아주 햄프턴에 있는 랭글리연구센터의 컴퓨터 연구시설과 노스캐롤라이나주 페이엇빌에 있는 알파아카데미의 캐서린 G. 존슨 과학기술연구소에는 존슨의 이름이 붙어있습니다.

우주 탐사 부문에서 자신의 가장 큰 기여가 무엇이냐는 질문에 존슨은 아폴로계획의 달착륙선을 달 주위의 궤도를 돈 사령·기계선과 동기화하는 데 도움을 준 계산이라고 대답했습니다. 존슨은 "나는 일을 좋아했어요. 별들과 우리가 하는 이야기를 좋아했지요. 그리고 계속 쏟아져 나오는 문헌에 기여하는 것은 큰 즐거움이었습니다. 하지만 여기까지 올 줄은 생각도 하지 못했지요."라고 말했습니다. 존슨은 6명의 손주와 11명의 증손주, 그리고 그 밖의 젊은이들에게 과학기술 분야에서 경력을 쌓으라고 늘 격려했습니다.[7]

2015년 11월 24일, 버락 오바마 미국 전 대통령이 NASA의 수학자 캐서린 존슨에게 대통령 자유 훈장을 수여하는 장면.

메리 윈스턴 잭슨
Mary Winston Jackson

1921년 ~ 2005년

NASA 최초의 흑인 여성 공학자

그곳은 분리 정책이 시행되는 학교였고, 나는 그곳에서 공부하길 원하는 흑인 여성이었습니다.[1]

— 메리 윈스턴 잭슨

이러한 경험은 민권운동의 최전선에서 싸운 야심 차고 똑똑한 유색인종 여성들에게는 너무나 익숙한 것이었습니다. 1998년, 은퇴한 76세의 공학자 메리 윈스턴 잭슨은 〈데일리 프레스〉와의 인터뷰에서 분리 정책이 시행되던 남부에서 아프리카계 미국인 여성이 경력을 쌓으면서 겪을 수밖에 없었던 모욕적인 이야기를 들려주었습니다. 출근 첫날, 잭슨이 '유색인 전용' 여자 화장실이 어디 있느냐고 묻자, 백인 동료들 사이에서 낄낄거리는 웃음이 크게 터져 나왔다고 했습니다.

백인 전용 카페테리아에 출입할 수 없었던 잭슨은 창문을 통해 음식을 주문하고 책상으로 가져가 먹어야 했습니다. 잭슨은 이렇게 설명했습니다. "기차역이나 버스터미널에 간 상황과 비슷했지요. 안으로 들어갈 수 없어서 가방을 내려놓고 그 위에 앉아야 하는 것처럼요. 카페테리아도 비슷한 상황이었습니다."[2]

하지만 잭슨은 굴하지 않고 이전에 어떤 유색인종 여성도 해내지 못한 일을 해냈습니다. 1947년판 《걸스카우트 핸드북》에 나오듯이, 미국 걸스카우트 회원은 "필요한 곳이 있으면 어디든 도움을 줄 준비가 되어있어야 합니다. 봉사하려는 의지만으로는 충분하지 않습니다. 그 일을 잘 해내는 방법을 알아야 합니다."[3] 30년 이상 걸스카우트의 지도자이자 자원봉사자로 일해온 잭슨은 자기 분야에서 뛰어난 수학자이자 선구적인 공학자로서, 그리고 전문가와 청소년의 멘토로서 활동하면서 이 전통을 실현했습니다.

1921년 4월 9일에 프랭크 윈스턴과 엘라 스콧 윈스턴 사이에서 태어난 메리 윈스턴 잭슨은 햄프턴대학교가 있는 버지니아주 햄프턴에서 자랐습니다. 햄프턴대학교는 민권운동 지도자이자 터스키기대학교 창립자인 부커 워싱턴이 50년 전에 노예에서 해방된 뒤에 교육을 받은 곳이기도 합니다.

잭슨은 흑인들만 다니던 조지 P. 피닉스 직업학교를 최우등으로

1977년에 NASA의 랭글리연구센터에서 항공 데이터를 기록하고 있는 잭슨.

1942년, 잭슨은 수학과 자연과학 학사학위를 받고 햄프턴대학교를 졸업했다.

졸업한 뒤, 유서 깊은 햄프턴대학교에 진학해 1942년에 수학과 자연과학 학사학위를 받았습니다. 메릴랜드주 캘버트 카운티의 흑인만 다니던 공립학교에서 1년 동안 수학을 가르치다가 고향으로 돌아와 킹스트리트의 미군위문협회 클럽에서 접수원으로 일했습니다. 그곳은 제2차세계대전 당시에 그 도시에서 흑인 군인에게 각종 편의를 제공하던 시설이었지요.

1951년, 윈스턴 잭슨은 NACA에 채용되어 랭글리메모리얼항공연구소의 서쪽 구역 컴퓨팅 부서에서 연구 수학자(혹은 컴퓨터라고 불리던)로 일했습니다. 그 무렵에 잭슨은 레비 잭슨 시니어와 결혼하여 레비 잭슨 주니어를 낳았습니다. 그전에 잭슨은 포트먼로에서 육군 비서로 일할 때 동료 수학자이자 알파카파알파 회원인 도러시 존슨 본(92쪽 참고)을 만났는데, 본은 랭글리메모리얼항공연구소에서 잭슨의 상사로 일했습니다.

잭슨의 실력은 군계일학처럼 빛났습니다. 2년 동안 컴퓨터로 일한 뒤, 잭슨은 항공 연구 공학자이자 풍동風洞 전문가인 카지미에시 차르네츠키 밑에서 일하게 되었습니다. 잭슨은 가로세로 1.2m의 초음속 압력터널에서 차르네츠키와 함께 작업했습니다. 이 6만 마력(4만 5000kW)짜리 풍동은 음속의 약 두 배에 이르는 바람을 만들어 내 비행기 모형에 미치는 힘을 연구하는 데 쓰였습니다. 잭슨은 고도의 전문성이 요구되는 이 일을 받아들였고, 차르네츠키가 수학자에서 공학자로 승진할 수 있도록 더 많은 교육을 받으라고 권하자 그 기회를 놓치지 않았습니다.

버지니아대학교는 야간과 오후에 대학원 과정 교육을 제공하여 직장인도 그 과정을 밟을 수 있었습니다. 하지만 그 과정을 밟는 데 필요한 수학과 물리학 수업은 그 당시 분리 정책을 따르던(그리고 오직 백인만 다니던) 햄프턴고등학교에서 진행되었습니다. 백인 동료들과 함께 수업을 듣기 위해 잭슨은 수업에 참석할 수 있게 특별 허

햄프턴대학교

'바닷가의 집'이라는 별명으로도 불리는 유서 깊은 이 흑인 대학교의 이야기는 해방된 노예들의 자녀에게 오크 나무(이 나무는 해방 오크 나무라고 불렸다.) 밑에서 공부를 가르친 인도주의자 메리 스미스 피크에게서 시작되었다. 피크는 미국선교사협회 회원으로서 1861년 9월 17일에 첫 수업을 했다. 협회가 피크에게 '브라운 코티지'라는 실내 공간을 제공하자, 수업에 참석하는 학생은 낮에는 어린이 약 50명, 밤에는 어른 약 20명까지 늘어났다.

1863년, 피크가 해방된 노예들에게 그 밑에서 읽기와 쓰기를 가르쳤던 거대한 오크 나무는 남부에서 에이브러햄 링컨의 노예해방선언을 처음 낭독한 장소가 되었는데, 150년 이상이 지난 지금도 햄프턴대학교 캠퍼스에서 수관의 지름이 30m를 넘는 웅장한 자태를 뽐내며 서 있다. 1868년에 '리틀 스코틀랜드'라고 불리던 이전의 농장 부지에 세워진 햄프턴대학교는 체서피크만에 쌓은 제방 위에 자리 잡고 있었다. 4년 뒤, 단정치 못한 복장의 16세 소년이 캠퍼스에 오더니, 명망 높은 이 교육기관에 입학할 기회를 얻길 기대하면서 열심히 교실을 여러

1899년, 햄프턴대학교에서 진행되던 수리지리학 수업 장면.

번 쓸고 먼지를 털었다. 부커 탈리아페로 워싱턴이라는 이름으로 불리던 이 소년은 '흰 장갑' 검사를 통과하면서 입학을 허락받았다.[4] 햄프턴대학교 설립자인 새뮤얼 암스트롱은 장래가 촉망되는 이 학생이 훗날 유명한 터스키기대학교를 설립하는 일을 도왔다.

1878년부터 1923년까지 햄프턴대학교는 아메리카 원주민 학생들도 받아들였으며, 1957년에는 로자 파크스(역사적인 체포 사건으로 '자유 운동의 어머니'라는 칭호를 얻은 지 2년이 지났을 때)가 이곳 교수 식당 홀리트리인에서 종업원으로 일하기 시작했다. 오늘날 햄프턴대학교는 응용수학 석사과정과 물리학 박사과정을 포함해 100여 개의 학위 교육과정을 운영하고 있다. 햄프턴대학교는 미국의 흑인 대학교 중에서 늘 상위 3위 안에 들었으며, 전체 학생 중 여성의 비율이 3분의 2 이상을 차지한다.

1950년대에 가로세로 1.2m의 초음속 압력터널에서 일한 직원들을 찍은 사진.
오른쪽 아래에 서있는 사람이 잭슨이다.

가를 내달라고 햄프턴시에 청원해야 했습니다. 다행히도 요청이 승인되어 1958년에 잭슨은 항공우주공학자로 승진하여 미국 우주 기관 역사상 최초의 흑인 여성 공학자가 되었습니다. 잭슨의 첫 번째 보고서인 〈초음속에서 노즈각과 마하수가 노즈콘의 전환에 미치는 영향〉도 그해에 나왔습니다.

1970년대에 잭슨은 햄프턴의 킹스트리트커뮤니티센터에 있는 과학 클럽을 위해 풍동을 만드는 일을 도왔습니다. 그곳에서 젊은이들이 풍동 실험을 할 수 있도록 하기 위해서였지요. 지역신문에서 잭슨은 이렇게 말했습니다. "그들에게 과학에 관심을 갖게 하려면 우리가 이런 일을 해야 합니다. 가끔 그들은 흑인 과학자의 수가 얼마나 되는지도 모르고, 경력을 쌓을 기회가 앞에 있다는 사실을 알지 못한 채 때를 놓치기도 합니다."[5]

잭슨이 한 일 중 대부분은 랭글리연구센터의 아음속-초음속 항공역학 부문 이론항공역학과에서 풍동 실험과 실제 비행 실험을 통해 얻은 데이터를 분석하는 것이었습니다. 1958년부터 1979년까지 잭슨은 NASA의 여러 다른 부문(압축성 연구 부문, 실물 크기 연구 부문, 고속항공역학 부문)에서도 공학자로 일했으며, 10여 편의 연구 보고서를 저술하거나 공동 저술 했습니다. 이러한 성공에도 불구하고 잭슨은 남성이 대부분인 관리자 지위에 오르지 못하는 자신의 무능력에 점점 큰 좌절을 느꼈습니다. 실력에 비해 인정받지 못하는 다른 여성 동료들을 돕기 위해 잭슨은 공학 이외의 다른 부문에서 관리자 자리를 찾아보기로 결심했습니다.

1979년, 잭슨은 워싱턴 D.C.에 있는 NASA 본부에서 전문교육을 받은 뒤에 랭글리연구센터로 돌아와 연방여성프로그램 관리자로 일했습니다. 여성을 비롯해 능력을 인정받지 못하는 소수민족이 NASA에서 합당한 경력을 쌓고 승진할 기회를 지원하는 프로그램을 관리하는 직책이었습니다. 비록 이전보다 낮은 직책이었지만, 그

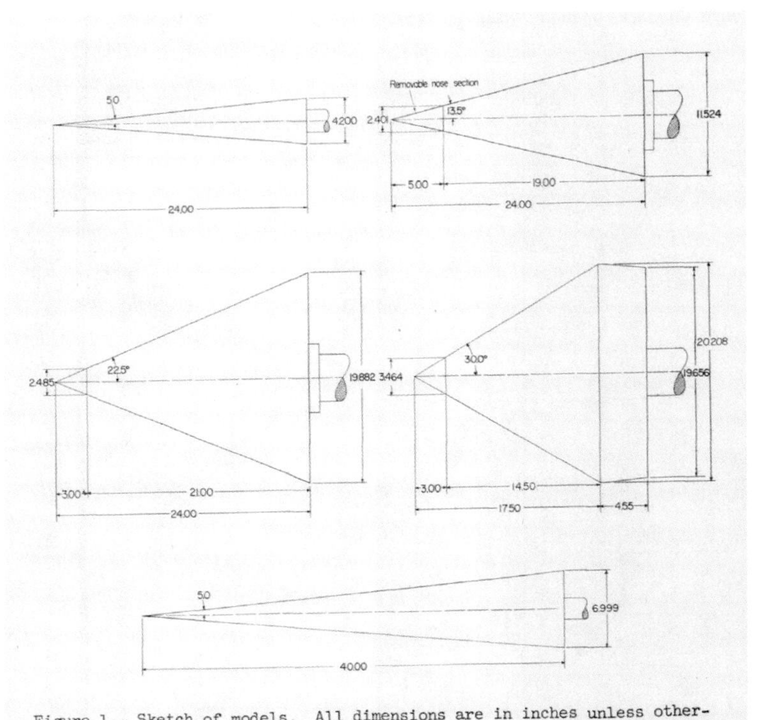

Figure 1.- Sketch of models. All dimensions are in inches unless otherwise indicated.

서로 다른 초음속 속력과 노즈 각이 공기의 흐름에 미치는 영향을 다룬 잭슨의 1958년 보고서에는 실험에 쓰인 다양한 노즈콘의 다이어그램도 포함돼 있었다.

것은 보람차고 의미 있는 일이었습니다. 남들을 도우려는 열망으로 잭슨은 NASA에서 많은 변화를 주도했고, 제대로 인정받지 못하는 집단들의 성과를 강조했으며, 능력 있는 수학자와 과학자와 공학자가 합당한 일자리를 구하도록 도움을 주었습니다. 그다음에는 공부하는 방법과 승진에 필요한 자격을 얻는 방법을 조언함으로써 그들이 경력을 쌓으며 승진하는 데 도움을 주었습니다. 잭슨은 남편과 함께 랭글리연구센터에서 경력을 쌓으려고 노력하는 젊은 신입 사원들을 집으로 초대해 대접했습니다.

1969년에 잭슨은 아폴로 그룹 공로상을 받았으며, 1976년에는 "삶의 질 향상을 위한 공공서비스와 자선단체에서 보여준 탁월한 지도력과 지칠 줄 모르는 노력"[6]으로 랭글리연구센터 올해의 자원봉사자로 선정되었습니다. 1985년, 잭슨은 34년간의 근무를 마치고 NASA의 랭글리연구센터에서 은퇴했습니다.

그리고 2005년 2월 11일에 83세의 나이로 세상을 떠났습니다. 잭슨이 사망하고 나서 얼마 후, 마고 리 셰털리는 《히든 피겨스》를 통해 NASA의 첫 흑인 여성 공학자에게 경의를 표했습니다. 같은 제목의 영화에서는 그래미상 후보에 오른 음악가이자 배우인 자넬 모네가 잭슨의 역할을 연기했습니다.

마하수란 무엇인가?

풍동 실험에서 공학자들은 비행기 모형의 특정 지점에 작용하는 풍속(v)을 온도에 따라 변하는 국지적 음속(c)으로 나누어 마하수(M)를 구한다.

$$M = \frac{v}{c}$$

예를 들어 비행기를 지나가는 모든 공기의 흐름이 음속의 두 배라면, 그 비행기는 마하 2의 초음속으로 달리는 셈이다. 풍동 실험은 비행기의 각 부분을 지나가는 공기의 흐름을 측정하는 데 필요하다. 이를 통해 항공공학자들은 비행기의 설계에 따라 속력이 항공역학적 힘들(양력과 항력을 포함해)에 어떤 영향을 미치는지 더 잘 이해할 수 있고, 항공 여행을 최적화하고 비행의 안전을 향상하는 방법에 대해 필수적인 정보를 제공할 수 있다.

풍동 속의 날개를 촬영한 이 사진은 날개 윗면 위로 지나가는 공기가 분리되는 모습을 보여준다.

서커스 곡예사에서 인간 컴퓨터로

샤쿤탈라 데비
Shakuntala Devi

1929년 ~ 2013년

수도 생명이 있어요. 단지 종이 위에 적힌 기호에 불과한 게 아닙니다.[1]

— 샤쿤탈라 데비

순회 서커스단 곡예사의 딸로 태어난 샤쿤탈라 데비는 아버지가 순회공연에 나설 때 종종 함께 따라갔습니다. 그러던 어느 날, 아버지는 함께 카드놀이를 하던 중에 딸의 천재성을 발견했습니다. 3세 때, 데비는 카드 한 벌의 패를 순서대로 외워 아버지를 이겼습니다. 5세 무렵에는 세제곱근을 계산했지요. 그렇게 해서 어린 소녀는 서커스단 공연의 주인공이 되었습니다.

데비는 인도 방갈로르[벵갈루루의 옛 이름]의 매우 궁핍한 가정에서 태어났습니다. 부모는 데비에게 정규교육을 시킬 여유가 없었고, 심지어 먹을 것이 없을 정도로 힘들었지요. 학교를 다니는 대신에 데비는 순회공연을 다니는 아버지를 따라다녔는데, 머릿속으로 매우 어려운 계산을 척척 해내 곧 명성과 관심과 부를 얻었습니다. 불과 6세 때부터 데비는 인도 남부의 여러 대학교에서 자주 공연을 했습니다. 훗날 데비는 그 시절에 대해 "나는 가족 중에서 유일하게 돈을 벌었는데, 어린아이에게는 너무나도 무거운 책임이었지요."[2]라고 말했습니다.

정규교육을 받지 못했는데도 데비는 당대의 가장 뛰어난 수학자 중 한 명으로 자랐고, '인간 컴퓨터'로 불렸습니다. 데비는 어떤 기술이나 장비의 도움도 받지 않고 복잡한 계산을 척척 해냈고, 전 세계의 학술 기관과 극장, 텔레비전에서 수학적 묘기를 보여주면서 국제적 명성을 떨쳤습니다. 1977년, 서던메소디스트대학교에서 데비는 유니박 컴퓨터와 201자리 수의 23제곱근을 계산하는 경쟁을 벌

토막 상식

구글은 2013년 11월 4일에 계산기 액정 모양의 구글 두들*로 샤쿤탈라 데비의 84번째 생일을 기념했다.

[구글 두들은 기념일이나 행사, 업적, 인물을 기리기 위해 구글 홈페이지의 구글 로고를 일시적으로 특별히 바꿔놓은 로고를 가리킴.]

였습니다. 데비는 1분 이내에 그 답(546372891)을 알아냈을 뿐만 아니라, 컴퓨터보다 12초 더 빨리 계산을 마쳤습니다.

1976년에 〈뉴욕 타임스〉는 샤쿤탈라 데비가 다음 네 수를 더한 뒤, 그 결과에 9878을 곱한 (정확한) 답 5559369456432를 얻는 데 20초도 걸리지 않았다고 보도했습니다.

25842278   111201721   370247830   55511315

캘리포니아대학교 버클리캠퍼스의 교육심리학자 아서 젠슨 교수는 1988년에 미국을 방문한 데비를 연구했습니다. 젠슨은 데비가 등을 돌리고 있는 동안 자원봉사자들에게 칠판에 문제를 쓰게 했습니다. 문제를 다 쓰고 나면, 데비가 등을 돌려 문제를 풀었습니다. 어떤 문제이건 데비는 항상 1분 이내에 풀었습니다. 1990년, 젠슨은 자신이 한 이 연구를 〈인텔리전스〉라는 학술지에 발표했는데, "데비는 대부분의 문제를 내가 그것을 공책에 옮기는 것보다 더 빨리 풀었다."라고 썼습니다.[3]

데비는 또한 재능 있는 작가이기도 했으며, 수학과 점성술, 퍼즐에 관한 작품뿐만 아니라 아동 도서를 쓴 것으로도 유명해졌습니다. 데비가 쓴 책 중에는 자신의 계산 방법을 자세히 설명한 《계산하기: 수의 즐거움》과 첫 주에 6000부 이상 판매되어 수학자 지망생들 사이에서 큰 인기를 끈 《알쏭달쏭한 퍼즐》, 범죄 스릴러 작품인 《완벽한 살인》 등이 있습니다. 데비는 2013년에 83세의 나이로 방갈로르에서 세상을 떠났습니다.

샤쿤탈라 데비는 계산을 하는 데
연필과 종이가 필요 없었다.

항상 수들에 둘러싸여 지낸
샤쿤탈라 데비.

놀라운 기록

샤쿤탈라 데비는 13자리 수 2개를 머릿속에서 곱해 (7686369774870 × 2465099745779) 답을 28초 만에 알아냄으로써 1982년판《기네스북》에 실렸다. 두 수는 1980년 6월 18일에 런던 임피리얼칼리지 컴퓨터과에서 무작위로 뽑은 것이었다. 데비가 구한 답이 무엇인지 궁금한가?

18947668177995426462773730

“아무도 내게 도전하지 않아요. 내가 나 자신에게 도전하지요.”[4]

– 샤쿤탈라 데비, 1996년《인사이드 스토리》와 한 인터뷰에서

애니 이즐리
Annie Easley

1933년 ~ 2011년

NASA의 로켓 과학자이자 그린 에너지 과학자

내게는 어머니가 가장 위대한 롤 모델이었어요. 그것은 지금도 마찬가지예요.[1]

— 애니 이즐리

랩톱컴퓨터나 데스크톱컴퓨터 또는 메인프레임컴퓨터가 나오기 전에 인간 컴퓨터가 있었습니다. 그들은 자동차, 우주, 원자력 산업을 포함해 다양한 분야의 문제들을 분석하고 손으로 직접 계산한 사람들이었습니다. 학문 간의 경계를 허무는 수학자, 컴퓨터과학자, 로켓 과학자였던 애니 이즐리도 그중 하나였습니다.

이즐리는 앨라배마주 버밍햄에서 태어나고 자랐는데, 어머니 윌리 심스는 싱글 맘이었습니다. 어머니는 이즐리에게 노력할 준비만 되어있으면, 자신이 원하는 사람이 될 수 있다고 말했지요. 이즐리는 이 조언을 가슴 깊이 새겼고, 그 당시 인종 분리 정책이 시행되던 앨라배마주의 학교들을 우수한 성적으로 다녔습니다. '무례한 말대답'을 했다는 이유로 종종 방과후에 학교에 남는 벌을 받았는데도 불구하고, 이즐리는 고등학교 졸업식 때 졸업생 대표가 되었지요. NASA의 '허스토리Herstory'[여성의 역사] 구술 프로젝트의 일환으로 2001년에 진행한 인터뷰에서 이즐리는 어린 시절을 회상하면서 어머니의 꾸준한 격려와 우수한 친구들의 영향이 자신의 야심을 부추겼다고 인정했습니다.

우리는 은수저를 물고 태어나지 않았습니다. 우리는 노동자 계층의 부모 밑에서 태어났지요. 우리 중 일부는 한부모가정에서 자랐지만, "앞으로 나아가려면 이것이 필요하고, 반드시 해내야 해."라는 식으로 우리를 격려하고 키워주신 부모님이 있었습니다.[2]

고등학교를 졸업한 뒤, 이즐리는 루이지애나주의 세비어대학교에서 약학을 공부하기 위해 뉴올리언스로 갔습니다. 원래는 대학교를 졸업하고 나면 버밍햄으로 돌아갈 계획이었지만, 결혼을 위해 대학교를 중퇴하고 오하이오주 클리블랜드로 이사했습니다. 이즐리는 그곳에서 공부를 계속할 수 있으리라고 기대했습니다. 그런데 클리

1979년의 애니 이즐리.

1981년, NASA의 〈과학과 공학 뉴스레터〉 표지에 실린 이즐리.

이즐리의 계산은 오하이오주 선더스키에 있는 플럼브룩 원자로 시설을 건설하는 데 도움을 주었다. 1969년에 찍은 이 항공사진은 세계 최대의 우주환경실이 있는 우주 발전소(흰색 돔)를 포함해 전체 시설을 보여준다.

포트란이란 무엇인가?

이즐리와 NASA의 많은 수학자들은 일상적인 작업환경에서 포트란Fortran을 많이 사용했다. 1953년에 IBM이 개발해 1957년에 처음 실용적으로 사용된 이 프로그래밍언어는 특히 과학과 공학의 응용 분야에서 고성능 수치 계산에 아주 적합하다. 60년 이상이 지난 지금도 포트란은 기상 예측과 충돌 테스트 시각화, 결정학(결정질 고체의 원자 배열을 결정하는 과학)을 포함해 중요한 과학적 목적에 쓰이고 있다.

포트란은 원래 IBM 704 메인프레임컴퓨터를 위해 개발되었다. 사진은 NACA의 랭글리메모리얼항공연구소에 설치된 IBM 704 메인프레임컴퓨터를 1957년에 찍은 것이다.

블랜드에 있는 대학교에는 약학과가 없었기 때문에, 이즐리는 다른 분야를 찾아보기로 결정했습니다. 1955년, 이즐리는 인간 컴퓨터로 일하면서 공학자에게 계산 결과를 제공하는 쌍둥이 자매에 관한 신문 기사를 읽었습니다. 그들이 일하는 조직인 NACA는 수학에 뛰어난 재능을 가진 사람들을 찾고 있었습니다. 이즐리는 클리블랜드에 있던 NACA의 루이스비행추진연구소로 달려가 그 일자리에 지원했습니다. 그리고 불과 2주일 뒤에 이즐리는 그 일자리를 얻었고, 그 후 34년 동안 이어진 경력이 시작되었습니다.

1950년대에 오하이오주에 있던 연구소에서 일하던 전체 직원 중 아프리카계 미국인의 비율은 0.2%도 되지 않았습니다. 이즐리는 직원들 사이에서 인종차별과 성차별을 경험했는데, 특히 클리블랜드의 NACA에서 일하던 유색인종 여성이 이즐리를 포함해 단 3명뿐이던 초기에 그런 차별이 심했습니다. 공개 장소에 전시된 팀 사진에서 이즐리의 모습이 잘려 나간 적도 있었습니다. 하지만 이즐리는 어머니의 조언을 명심하면서 전혀 기가 죽지 않았습니다. '허스토리' 인터뷰에서 이즐리는 새로운 환경에 적응하기가 때로는 어렵다는 점을 인정했지만, 자신의 능력을 믿고 맡은 일을 해내는 데 집중하기로 했다고 말했습니다.

나는 꼬리를 내리고 물러나지 않습니다. 하지만 만약 내가 당신과 함께 일할 수 없을 때에는 당신을 피해 일하는 방법을 선택합니다. 나는 물러날 정도로 낙담하지는 않았습니다. 어떤 사람에게는 그것이 해결책이 될 수 있겠지만, 내게는 아닙니다.[3]

이즐리가 초기에 맡았던 프로젝트 중 하나는 오하이오주 선더스키에 있는 플럼브룩 원자로 시설의 건설을 위해 시뮬레이션을 돌리는 것이었습니다. 그 시설에서는 직원들이 핵 추진 항공기를 연구했고, 나중에는 핵 추진 우주로켓까지 연구했습니다. 시뮬레이션의 일환으로 이즐리는 이 시설을 건설하는 데 얼마나 많은 시멘트가 필요한지 계산했습니다. 이즐리는 자신이 처음 받은 연봉이 약 2000달러였다고 기억합니다.

그 후 시간이 지나면서 많은 변화가 일어났는데, NACA는 NASA가 되었고, 루이스비행추진연구소는 존 H. 글렌 연구센터가 되었습니다. 하지만 이즐리는 변화에 잘 적응했습니다. 이즐리는 이렇게 회상합니다. "처음부터 선구자가 되려는 의도가 있었던 것은 아닙니다. 나는 일자리가 필요했고, 일을 하고 싶었습니다." 1970년대에 기계가 인간 컴퓨터를 대체하기 시작하자, 이즐리는 진로를 바꾸어 수학 기술자가 되는 길을 선택했고, 클리블랜드주립대학교를 정식으로 다니기 시작했습니다.

1977년, 이즐리는 컬럼비아주립대학교에서 수학 학사학위를 받고 졸업했습니다. 하지만 거기까지 가기는 쉽지 않았습니다. NASA는 이즐리의 남성 동료들에게는 대학교를 다니는 데 필요한 학비를 지원하고 공부하는 동안 유급휴가를 주었지만, 이즐리는 학비를 자신이 부담해야 했고, 무급휴가를 얻어 학교를 다녀야 했습니다. 이즐리는 나중에 컴퓨터 프로그래밍을 배워 코드 작성에도 능숙해져 NASA의 여러 프로그램에 그것을 집어넣었습니다. 이즐리는 포트란(수식 변환기)과 SOAP(단순 객체 접근 프로토콜)라는 두 가지 컴퓨터 언어를 전문적으로 배웠습니다.

NASA에서 이즐리의 일은 1989년에 은퇴하면서 끝났지만, 이즐리의 영향은 에너지변환 시스템에 대한 연구와 태양에너지와 풍력기술, 그리고 초기 하이브리드 차량에 사용된 배터리 기술을 포함한 대체에너지 기술을 평가한 연구에 여전히 남아있습니다. 이즐리는 로켓의 핵 추진 엔진에 관한 많은 논문에 공동 저자로 참여했습니다. 이즐리는 많은 통신위성과 기상위성, 우주 탐사선(바이킹호와 보이저호를 포함해)을 발사하는 데 사용된 고출력 부스터 로켓인 센토의 개발에도 관여했는데, 센토는 1997년에 토성 탐사를 위한 카시니-하위헌스호 계획을 실행에 옮기는 데 큰 도움을 주었습니다.

선구적인 프로그래밍 작업을 한 것 외에도 이즐리는 교사와 강연자로 자원하여 NASA의 연구를 공유하고, 여성과 소수민족 학생에게 STEM 참여를 권장했습니다. 이즐리는 자신의 상사와 함께

1976년, 에너지 위기에 자극받아 신설된 에너지연구개발국은 대체에너지 연구를 위해 플럼 브룩에 이 100킬로와트급 풍력 터빈을 설치했다. 높이 30m의 타워가 길이 18.6m의 블레이드 2개를 지탱하는데, 블레이드는 시속 30㎞의 바람이 불면 40rpm [분당 회전수]의 속도로 돈다.

계획 단계인 1988년에 카시니-하위헌스호의 토성 탐사 임무를 상상해 묘사한 그림. 카시니-하위헌스호는 그로부터 약 10년 뒤에 발사되었는데, 이 임무의 성공에는 이즐리의 도움이 있었다.

NASA의 여성 복장 규정에 항의하기 위해 바지 정장을 입고 출근하기로 약속한 적도 있었습니다. 2001년에 이즐리는 30년 전에 일어난 그 사건은 상당한 파문을 일으켰다고 회상했습니다. 공식적인 복장규정을 위반해서 그런 게 아니라 당시의 관습에 어긋나서 그랬던 것이지요. 이즐리는 일할 때 입는 옷에서 작업 결과로 관심의 초점을 돌림으로써 다른 여성 동료들에게 NASA에서 덜 여성스러우면서 더 실용적인 모습을 보이도록 영향을 미쳤습니다. 이즐리는 또한 NASA에서 루이스 스키 클럽을 함께 만들었으며(이즐리는 46세에 스키를 배우기 시작했습니다.), 여성 경영인과 전문직 여성 협회를 비롯해 일과 관련된 그 밖의 활동에도 참여했는데, 은퇴하고 나서도 2011년에 사망할 때까지 계속 활동했습니다.

2001년, 68세가 된 이즐리는 스마트폰 기술의 발전에 대해 놀라움을 표시하고, 스노보드를 배우고 싶은 열망을 내비쳤으며, 어머니가 자신에게 끼친 지속적인 영향에 대해 이야기했습니다. 이즐리는 사회운동가이자 할렘 르네상스 시인인 랭스턴 휴스의 시를 인용해 STEM 세계에서 아프리카계 미국인 여성으로서 자신이 경험한 것을 표현했습니다.

“내 인생은 크리스탈 계단이 아니었습니다.” 하지만 그래도 계속 앞으로 나아가야 했습니다. 그것이 내가 원하는 것이니까요.[4]

마거릿 해밀턴
Margaret Hamilton

1936년 ~

우주비행을 안전하게 만든 수학자

> **돌이켜 보면, 우리는 세상에서 가장 운이 좋은 사람들이었습니다. 우리는 선구자가 되는 것 외에 달리 선택의 여지가 없었거든요.**[1]
>
> — 마거릿 해밀턴

아직 생겨나지도 않은 분야에서 일하려면 어떻게 준비해야 할까요? 마거릿 해밀턴은 교육을 잘 받았고, 두려움이 없었으며, 적절한 때에 적절한 장소에 있었습니다.

기술 세계로 뛰어들기 전, 해밀턴은 미국 인디애나주 파올리의 인문학에 조예가 깊은 가족 사이에서 자랐습니다. 아버지 케네스 히필드는 시인이자 철학자였으며, 할아버지는 퀘이커파 성직자이자 작가, 교장이었습니다. 이들의 영향을 받아 해밀턴은 미시간대학교에서 철학을 배우면서 수학과 물리학도 함께 공부했습니다. 인디애나주 리치먼드에 있는 인문학 대학교 얼럼칼리지로 옮겨 간 해밀턴은 수학과 물리학 강의를 듣는 여학생이 대개 자기 혼자밖에 없다는 사실을 알게 되었습니다. 하지만 해밀턴에게는 같은 여성으로 수학 교수를 맡고 있던 플로렌스 롱이 있었습니다. 롱은 해밀턴에게 추상수학과 수리언어학을 공부하고 수학 교수가 되는 길을 걸어가도록 자극을 주었습니다. 그 당시에는 프로그래밍 강의가 없었는데, '소프트웨어공학'은 아직 확립된 분야도 아니었고, 심지어 그런 용어조차 없었습니다. 1958년에 해밀턴은 수학 학사학위(철학 부전공)를 받고 졸업했습니다. 졸업 후에 변호사이던 제임스 콕

아폴로 달착륙선 모형 안에서 MIT 페넌트를 들고 포즈를 취한 해밀턴.

스 해밀턴과 결혼했고, 두 사람 사이에서 딸 로런이 태어났습니다.

1959년, 24세가 된 해밀턴은 매사추세츠주로 이사했는데, 원래는 브랜다이스대학교에서 추상수학을 공부해 석·박사학위를 따려고 했습니다. 대신에 MIT에서 일자리를 얻었는데, 수학자이자 기상학자, 카오스이론(157쪽 참고)의 선구자인 에드워드 N. 로렌즈 밑에서 일했습니다. 로렌즈는 일기예보용 소프트웨어를 개발하고 있었습니다. 로렌즈의 지도를 받으면서 해밀턴은 16진 코드와 2진 코드를 독학으로 배웠고, 자신의 첫 번째 소프트웨어 프로그램을 만

해변 프로그램

해밀턴은 XD-1에 관한 일을 하면서 소프트웨어 신뢰성에 큰 관심을 갖게 되었다. 해밀턴은 프로그램을 실행하다가 컴퓨터에 오류가 발생하면, 표시등이 깜박이고 벨이 울렸다고 회상했다. 그것은 숨길 수가 없었다. 그러면 모두가 방으로 뛰어 들어와 어떤 프로그램이 오류를 일으키는지 살펴보았다. 컴퓨터는 콘솔의 아주 큰 레지스터에서 어떤 프로그램이 오류를 일으켰는지 알아냈다. 해밀턴은 자신의 프로그램이 '해변 프로그램'이란 별명으로 불렸다고 말했는데, 프로그램이 돌아갈 때 나는 소리가 해변으로 밀려와 철썩이는 파도 소리처럼 들렸기 때문이다. 한번은 새벽 4시 무렵에 컴퓨터 담당자가 전화를 해 프로그램에 뭔가 끔찍한 일이 발생한 것 같다고 했다. 그 이유는 컴퓨터에서 더 이상 해변의 소리가 나지 않기 때문이라고 했다. 그 후로 해밀턴은 소리를 안내자로 삼아 프로그램의 버그를 찾아내는 방법을 개발했다.

들었습니다. 로렌즈는 또한 해밀턴에게 자신의 프로그램을 실행할 수 있는 플랫폼(오늘날 우리는 이것을 '미니 운영체제'라고 부릅니다.)을 구축하라고 권했습니다. 그와 동시에 해밀턴은 MIT의 링컨연구소에서도 일했는데, 그곳에서 AN/FSQ-7 컴퓨터제어시스템(일명 XD-1)에 사용할 소프트웨어를 만들었습니다. 이 시스템은 냉전 기간에 미 공군이 하늘을 수색하면서 '비우호적인' 항공기를 찾는 데 도움을 주었습니다.

1963년과 1964년 무렵에 해밀턴은 마침내 브랜다이스대학교에서 대학원 과정을 시작하려고 계획을 세웠는데, NASA와 MIT 간에 체결된 계약 소식을 들었습니다. MIT는 달에 '사람을 보낼' 소프트웨어를 개발하는 임무를 맡았는데, 이를 위해 과학자와 수학자 팀을 조직하고 있었습니다. 해밀턴은 즉각 MIT에 전화를 걸었고, 몇 시간 만에 각각 다른 계획을 맡은 두 책임자와 면접 약속을 잡았습니다. 두 책임자 모두 해밀턴에게 함께 일하자고 제의했고, 동전을 던져 누가 해밀턴을 고용할지 결정했습니다. 해밀턴은 아폴로계획 책임자가 동전 던지기에서 이겼다는 사실에 짜릿한 흥분을 느꼈

1969년, 자신의 팀이 아폴로계획을 위해 만든 항행 소프트웨어 옆에 선 마거릿 해밀턴.

2016년, 해밀턴에게 대통령 자유 훈장을 수여하는 버락 오바마 미국 전 대통령.

고, 얼마 후 MIT 인스트루멘테이션연구소(지금은 찰스스타크드레이퍼연구소로 불리는)에서 소프트웨어공학 부문을 이끌게 되었습니다.

아폴로 팀은 아폴로계획의 유도 항행 시스템 개발을 도우면서 소프트웨어공학과 시스템공학을 아무것도 없던 상태에서 배워나가기 시작했습니다. NASA 측과 면담하는 자리에서 해밀턴은 고위 관리자들로부터 완전한 자유와 신뢰를 보장받았다고 말했는데, 그럴 수밖에 없었던 것이 당시에는 그들도 소프트웨어에 대해 아는 것이 전혀 없었기 때문입니다. 학교에서와 마찬가지로 남성 직원이 여성 직원보다 훨씬 많았지만, 해밀턴은 성별 때문에 자신이 엄청나게 불리하다고 느끼지는 않았습니다. 해밀턴은 젊은 연구원들이 "맨 처음 작동하는 것을 설계"하고 있었다고 회상합니다. 그들은 스스로 규칙을 만들어나갔고, 그 일에서 큰 즐거움을 느꼈습니다. 해밀턴은 "더 큰 도전일수록 우리는 더 큰 즐거움을 느꼈지요."[2]라고 말했습니다. 해밀턴은 딸도 그 일에 참여시켰는데, 딸은 많은 밤과 주말을 해밀턴과 함께 일했습니다.

해밀턴은 자신들이 만든 소프트웨어 프로그램을 엄격하게 테스트해야 한다고 주장했는데, 이러한 책임감은 1969년 7월 20일에 아폴로 11호가 달 착륙에 성공하는 데 결정적인 역할을 했습니다. 닐 암스트롱과 버즈 올드린이 탄 달착륙선이 고요의 바다에 착륙하기 몇 분 전에 핵심 소프트웨어가 수동 명령을 무시하면서 컴퓨터의 우선순위 시스템을 레이더 시스템으로 전환했습니다. 이 소프트웨어는 컴퓨터가 하강 엔진의 조종과 착륙 정보를 제공하는 데 집중하기 위해 덜 중요한 작업을 무시한다는 사실을 모두에게 알렸습니다. 만약 프로그램을 다르게 짰더라면, 컴퓨터 문제 때문에 접근이 강제로 종료되었을 가능성이 있습니다. 아폴로 유도 소프트웨어는 신뢰성이 아주 높아서 승무원이 탑승한 유인 아폴로 임무 동안 어떤 버그도 발견되지 않았으며, NASA의 큰 신뢰를 받아 코드가 약간 수정된 채 스카이랩 계획과 우주왕복선 계획을 포함해 미래의 많은 계획에도 사용되었습니다.

해밀턴의 노고는 닐 암스트롱과 버즈 올드린의 안전한 달 착륙을 통해 보상받았을 뿐만 아니라, 2003년에 NASA의 특별우주행동상까지 받았습니다. 이 상은 아폴로계획의 소프트웨어개발에서 보여준 해밀턴의 혁신적인 노력을 높이 평가해 수여한 것으로, 그때까지 개인에게 수여된 것 중 상금이 가장 많은 상이었습니다. 2016년에는 버락 오바마 미국 전 대통령으로부터 민간인에게 수여되는 최고 훈장인 대통령 자유 훈장을 받았습니다.

NASA와 MIT에서 해밀턴이 한 일은 소프트웨어공학 분야의 탄생에 기여했습니다. 소프트웨어공학이란 용어는 초기의 아폴로계획 동안에 해밀턴이 이 분야의 지위를 다른 공학 분야와 어깨를 나란히 할 수 있는 수준으로 끌어올리기 위해 만들었습니다. 해밀턴은 주어진 기회를 십분 활용했고, 그 탄생에 기여한 분야의 선구자가 되었습니다.

1969년 7월 20일, 착륙 모드에 돌입한 닐 암스트롱과 버즈 올드린의 아폴로 11호 달착륙선. 해밀턴의 운항 소프트웨어 연구가 없었더라면, 이 역사적인 순간은 일어나지 않았을 것이다.

PART 3

현대의 수학 전문가들

유지니아 쳉

지금은 여성 수학자에게 아주 흥미진진한 시대입니다. 여성은 순수수학과 응용수학 모두에 큰 기여를 해왔으며, 마침내 전 세계의 과학계도 이들의 연구를 진지하게 받아들이고 있습니다. 2014년에는 여성 수학자가 처음으로 수학계의 최고 영예인 필즈상을 수상했습니다(233쪽 참고). 소셜미디어가 지배하는 현대 세계에서 유튜브는 자칭 '레크리에이션 수학자'인 바이 하트를 포함해 수학에 열정을 가진 젊은 여성들에게 풍요로운 플랫폼을 제공합니다. 바이 하트는 수학과 헥사플렉사곤에 관해 잡담을 나누는 영상으로 구독자가 100만 명을 넘는 큰 인기를 얻었지요. 다른 수학자들은 뜨개질(180쪽 참고)과 작곡(166쪽 참고), 그리고 심지어 음식(226쪽 참고)을 통해 복잡한 수학 개념을 재미있고 흥미롭게 전달하는 방법을 찾아냈습니다.

수학은 한때 대다수 사람들이 따분하고 재미없는 것으로 여겼던 분야이지만, 21세기에 접어들자 대중의 인식에 극적인 변화가 일어났습니다. 2016년에 18~49세 시청자들 사이에서 가장 큰 인기를 끈 〈빅뱅 이론〉 같은 TV 프로그램들은 수학이나 과학만 아는 괴짜를 미화했지요. 아일랜드의 수학 교수이자 TV 프로그램 진행자, 음악가인 이븐 니 훌러완은 자신의 유명세를 통해 흔히 "끔찍한 헤어스타일에 흰 가운을 입은 남자"로 나오는 따분한 과학자 이미지를 불식시키려고 노력했습니다.[1] 〈케빈은 열두 살〉에서 위니 쿠퍼 역을 맡아 유명해진 미국의 배우이자 수학자인 대니카 매켈러 역시 이 주제에 관한 책을 여러 권 쓰고, 넷플릭스에서 방영된 〈프로젝트 Mc^2〉에서 활기찬 역할을 맡으면서 젊은 여성에게 수학을 권장하는 데 한몫을 했습니다.

소셜미디어 밖의 여성들도 온갖 역경에 맞서면서 큰 변화를 가져왔습니다. 이란 출신의 수학자 사라 자헤디는 10세 때 아버지가 살해당해 홀로 스웨덴으로 이민을 가야 했습니다. 자헤디는 이렇게 회상합니다. "나는 친구가 아무도 없었고, 스웨덴어를 전혀 몰랐습

이븐 니 훌러완

첼시 클린턴

2008년에 출판된 저서 《수학은 지루하지 않다》
저자 사인회 현장의 대니카 매켈러.

2015년 여성수학협회 시상식에서, 왼쪽부터 차례대로 론다 휴즈,
잉그리드 도브시(172쪽 참고), 실비아 보즈먼(143쪽 참고).

니다. 하지만 수학은 내가 이해할 수 있는 언어였지요. 수학 시간에 함께 문제를 풀면서 급우들과 소통할 수 있었고 친구를 사귈 수 있었습니다."[2] 자헤디는 "동역학적으로 변하는 기하학이 포함된 문제에 적용하는 것에 초점을 맞춘 편미분방정식의 수치 알고리즘 개발과 분석에 관한 탁월한 연구"로 2016년에 여성으로서는 유일하게 유럽수학회상을 수상했습니다.[3]

오늘날에는 과학과 수학에 소질이 있는 똑똑하고 젊은 여성을 대상으로 활동하는 단체가 많이 있습니다. 걸스 후 코드, 스템박스, 블로섬, 엔지니어 걸, 그리고 슈퍼모델 칼리 클로스의 코드 위드 클로시가 그 예이지요. 빌 클린턴 미국 전 대통령의 딸 첼시 클린턴도 STEM 교육의 중요성을 강하게 주장했으며, 전국을 여행하면서 소녀들이 STEM 경력의 성별 격차를 줄이는 데 도움을 줄 수 있는 방법에 대해 이야기했습니다.

수학에 특히 관심이 있는 소녀를 위한 단체로는 1971년에 수학 분야에서 여성에게 동등한 기회를 촉진할 목적으로 설립된 여성수학협회AWM가 있습니다. 창립 주체이자 초대 회장인 메리 그레이는 회장이 되고 나서 맨 처음 한 행동 중 하나가 미국수학회AMS 이사회 회의를 방해한 것이었다고 회상합니다. 그레이는 이사회에 참석한 이사들이 오직 이사들만 이사회에 참석할 수 있다는 신사협정gentleman's agreement을 들먹이면서 그레이에게 나가달라고 요청하자, "나는 신사가 아닙니다. 그러니 그냥 남아있겠습니다."라고 응수했다고 합니다.[4]

5년 뒤, 그레이는 미국수학회 부회장으로 선출되었고, 1979년에 워싱턴법과대학교에서 법학 학위를 최우등으로 받은 뒤, 네브래스카대학교와 헤이스팅스대학교, 마운트홀리오크대학교에서 명예박사학위를 받았습니다. 1994년, 미국과학진흥협회AAAS는 그레이에게 "자신의 경력 동안 직접적으로, 그리고 제자들과 자신이 시작하

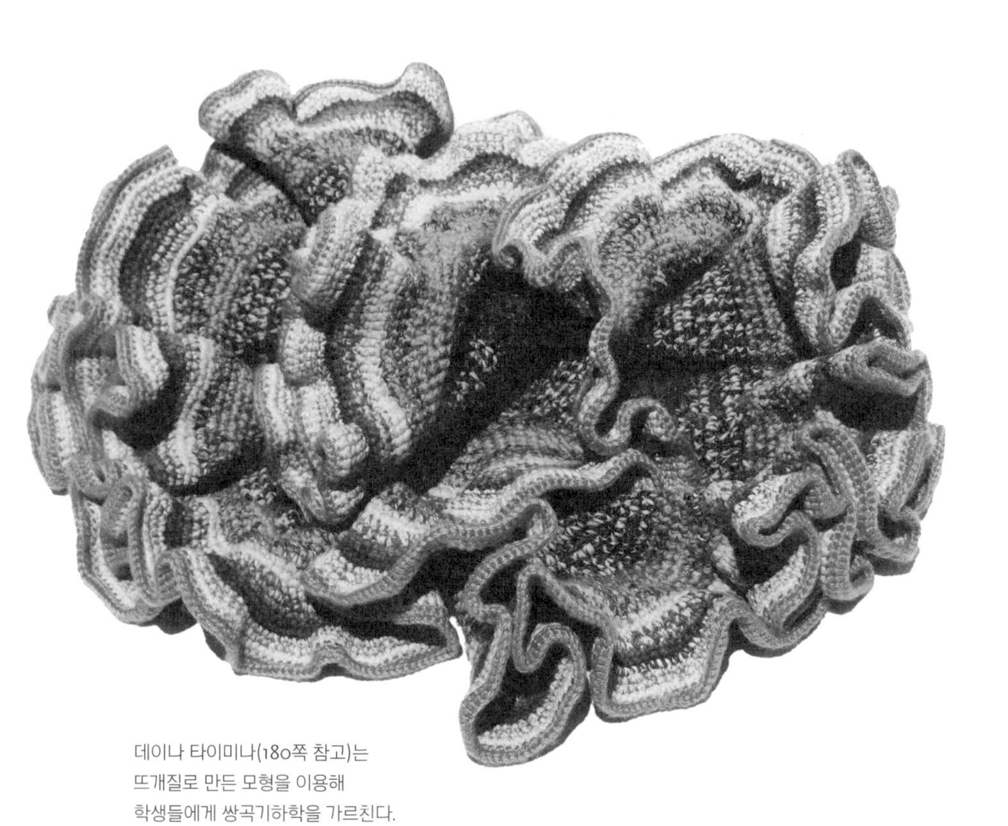

데이나 타이미나(180쪽 참고)는
뜨개질로 만든 모형을 이용해
학생들에게 쌍곡기하학을 가르친다.

고 발전시킨 프로그램을 통해 간접적으로 영향을 미친 수많은 여성과 소수민족"을 고려해 평생 공로 멘토상을 수여했습니다.[5] 2001년, 그레이는 과학, 공학, 수학 우수 멘토링 대통령상을 받았고, 2017년 7월에는 사회 개선을 위한 탁월한 통계적 공헌에 대한 칼 E. 평화상을 수상했습니다.

약 50년 동안 여성수학협회는 그 임무를 다하기 위해 명예 강연 시리즈 세 가지를 포함해 수많은 프로그램과 워크숍과 상을 후원했습니다. 추상대수학의 창시자 에미 뇌터(50쪽 참고)를 기려 그 이름을 딴 뇌터 강연은 1980년부터 "수학에 기본적이고 지속적인 기여"를 한 여성을 기념하여 매년 개최되었습니다. 1996년부터 시작된 팔코너 강연은 아프리카계 미국인 수학자이자 교육자인 에타 팔코너의 "소수집단과 여성의 과학 경력 진입을 위해 도움을 준 심오한 통찰력과 업적"을 기리기 위해 개최되었습니다. 마지막으로, 19세기의 러시아 수학자 소피야 코발렙스카야(36쪽 참고)를 기념하여 생긴 코발렙스카야 강연은 2003년부터 "응용수학 또는 전산수학 분야에서 탁월한 기여를 한" 여성을 기리기 위해 매년 열리고 있습니다.[6]

제3부에 등장하는 여성 중 다수는 명예 강연을 했건, 집행위원회나 자문위원회에 참여했건 간에, 여성수학협회와 연관이 있습니다. 제1부에서 소개한 수학의 선구자들과 마찬가지로 이들은 벨기에에서 이란과 미국 남부에 이르기까지 세계 곳곳에서 놀라운 수학적 잠재력을 대표합니다.

실비아 보즈먼
Sylvia T. Bozeman

1947년 ~

버락 오바마 미국 전 대통령이 국가 과학 훈장에 관한 대통령 위원회 위원으로 임명한 수학자

나는 항상 수학을 사랑했지만, 여성, 특히 유색인종 여성이 수학에서 고급 학위를 받도록 지원하고 격려하는 데에도 그에 못지않은 열정을 갖고 있습니다.[1]

- 실비아 보즈먼

실비아 보즈먼(태어날 때의 이름은 실비아 트림블)의 화려한 수학 경력은 분리 정책이 시행되던 앨라배마주 시골 지역 캠프힐의 교실이 하나뿐인 학교에서 시작되었습니다. 그 당시에는 언젠가 자신이 국가 과학 훈장에 관한 대통령 위원회에 임명되리란 사실을 상상도 하지 못했지요. 하지만 충분한 격려와 지원만 있다면, 여성이 이룰 수 있는 일에 한계는 없다고 보즈먼은 믿습니다. 바로 자신이 완벽한 본보기이니까요.

보즈먼은 앨라배마주 시골에서 초등학교와 중학교를 다니면서 선생님과 부모님으로부터 많은 격려를 받았는데, 그들은 "내게 배움에 대한 사랑과 다른 사람의 교육에 대한 관심을 불어넣었지요."라고 말했습니다.[2] 아버지는 보험설계사였고, 다섯 자녀를 돌보는 일은 어머니가 도맡았습니다. 보즈먼은 "어머니는 12학년까지만 학교를 다녔지만, 늘 수학에 큰 관심을 보였지요."[3]라고 기억합니다. 그 관심은 딸에게까지 전염되었지요. 보즈먼이 고등학교에 진학했을 때 수학 선생님은 보즈먼을 포함한 학생들의 재능을 알아보고 방과후에 삼각법 수업을 따로 만들었습니다. 이 수업을 통해 보즈먼은 대학교 수준의 고급 과정을 더 공부할 기초를 닦았습니다.

고등학교를 수석으로 졸업한 보즈먼은 1964년에 앨라배마A&M 대학교에 진학하여 수학을 전공했습니다. 수학과 물리학과 학과장이던 하워드 포스터는 보즈먼을 NASA 마셜우주비행센터의 컴퓨터에게 소개하고, 연구 조교와 고등학생을 위한 여름 과학 강좌를 도울 조교로 삼았습니다. 보즈먼은 또한 3학년 여름방학 동안 하버드대학교의 프로그램에 참여해 수학과 컴퓨터에 대한 이해를 넓혔습니다. 대학교를 다닐 때, 수학을 전공하던 로버트 보즈먼을 만났습니다. 두 사람은 졸업한 직후인 1968년에 결혼했고(실비아 보즈먼은 차석으로 졸업하여 졸업식에서 개회사를 했지요.) 함께 역사를 새로 써나갔습니다.

2014년, 역사를 만든 부부인 로버트 보즈먼과 실비아 보즈먼.

실비아 보즈먼의 부모님, 호레이스 트림블과 로비 트림블의 젊은 시절 사진.

실비아 보즈먼은 스펠먼칼리지에서 35년 이상 근무했고, 그중 10년은 수학과 학과장으로 근무했다.

여자 대학교로서 죽 이어온 역사를 상세히 설명하는 스펠먼칼리지의 표지판.

밴더빌트대학교에서 수학 과정이 통합된 지 1년 후에 보즈먼 부부는 그곳에서 대학원 과정을 시작했습니다. 보즈먼은 1970년에 대학교에서 수학 석사학위를 받은 최초의 아프리카계 미국인 여성이 되었습니다. 부부 사이에서는 아들과 딸이 태어났고, 실비아 보즈먼은 밴더빌트대학교와 테네시주립대학교에서 시간강사로 일했습니다. 한편, 남편은 박사과정을 마치고 밴더빌트대학교에서 아프리카계 미국인으로서는 최초로 수학 박사학위를 받았습니다.

두 사람은 조지아주 애틀랜타에서 강사 자리를 구했습니다. 실비아 보즈먼은 1972년에 스펠먼칼리지(전통적으로 흑인 여성 대학)에서 가르치기 시작했습니다. 2년 뒤에 보즈먼은 경력을 한 단계 높이려면 박사학위가 필요하다고 생각했습니다. 그 당시에 미국에서 수학 박사학위를 받은 흑인 여성은 20명이 채 안 되었습니다. 1970년대 후반에 보즈먼은 스펠먼칼리지에서 3년간 휴직하고 애틀랜타에 있는 에모리대학교를 다녔습니다. 그리고 그곳에서 〈프레드홀름 작용소의 일반 역원 표현〉이란 논문으로 박사학위를 받았습니다.

보즈먼은 35년 이상 스펠먼칼리지에서 교수로 일하고 있습니다. 수학의 과학적 응용 센터 소장을 비롯해 다양한 역할을 맡아왔습니다. 또한 1983년부터 1985년까지 애틀랜타대학교에서 수학과 외래교수를 겸임했습니다. 주목할 만한 학문적 성과에는 NASA와 미국육군연구소 같은 조직에서 연구비를 지원받아 나온 논문과 연구가 있습니다.

1998년, 보즈먼은 론다 휴즈와 협력해 대학원 수학 과정에 진학하는 여성을 위해 전환 및 멘토링 프로그램을 만들었습니다. 대학원 교육의 다양성 강화 프로그램EDGE은 수학계와 과학계에 큰 영향을 미쳤으며, 미국수학회로부터 그 유효성을 특별히 인정받았습니다. 보즈먼은 "나는 이 아이디어가 계속 유지된 것을 매우 자랑스럽게 생각합니다. 대학원 교육의 다양성 강화 프로그램이 여성 참여자의 성공에 큰 영향을 미쳤고, 그 결과로 여성 사이에서 전문적 협력이 향상되었기 때문이지요."라고 말했습니다.[4]

보즈먼은 미국 내에서 대학교 교수 조직 중 가장 큰 미국수학협회MAA 회원이며, 1997년에 아프리카계 미국인으로서는 최초로 미국수학협회의 이사로 선출되었습니다. 같은 해에 보즈먼은 스펠먼칼리지 역사상 가장 큰 비용인 2500만 달러가 투입된 스펠먼칼리지 과학센터 건설 프로젝트의 관리 책임자로 선정되었습니다. 2016년, 버락 오바마 전 대통령은 보즈먼을 국가 과학 훈장에 관한 대통령 위원회 위원으로 임명했습니다. 12명으로 구성된 이 위원회는 대통령에게 추천할 국가 과학 훈장 후보자를 선정합니다. 보즈먼은 "저는 수학 분야에서 차세대 여성 지도자와 혁신가를 양성하고 싶습니다. 그리고 이 여성들의 획기적인 연구가 국가 과학 훈장을 포함해 영예로운 인정을 받을 수 있도록 돕고 싶습니다."라고 말했습니다.[5]

보즈먼이 받은 많은 찬사와 영예 중에는 2010년에 미국과학진흥협회 회원과 2013년에 미국수학회 회원으로 선출된 것도 있습니다. 2012년에는 전미수학자협회로부터 평생봉사상을 받았습니다.

선생님부터 가족까지 지금까지 자신에게 도움을 준 사람들에게

실비아 보즈먼은 2013년에 미국수학회 회원이 되었다.

여학생에게 도움을 주기 위한 프로그램

보즈먼은 대학원 과정(그리고 인생)에서 성공을 낳는 주요 요소 중 하나가 지원이라고 믿는다. 팀이나 공동체의 일원이 되면 탄력성과 끈기를 끌어올릴 수 있다. 수학을 포함해 많은 STEM 분야는 다양성 부족 때문에 소수집단 출신의 학생이 고립과 외로움에 맞닥뜨리게 된다. '대학원 교육의 다양성 강화 프로그램'은 1998년에 실비아 보즈먼과 론다 휴즈가 대학원 과정 여학생들이 고급 학위를 마치는 데 필요한 지원을 제공하기 위해 시작했다. 멘토링과 지원, 준비는 STEM 과정과 관련 일자리에서 여성의 수를 늘리고 유지하는 데 필수 요소이다. 이 프로그램이 시작된 이래 200여 명의 참여자 중 80명 이상의 여성이 수학 분야에서 박사학위를 받았고, 계속해서 해당 분야에 진출해 경력을 쌓았다. 대학원 교육의 다양성 강화 프로그램은 2007년에 미국수학회로부터 그 유효성을 인정받았다.

대학원 교육의 다양성 강화 프로그램 학생들과 자리를 함께한 실비아 보즈먼과 론다 휴즈.

늘 고마워하는 보즈먼은 인터뷰에서 이렇게 말했습니다. "가족과 공동체의 도움, 그리고 신의 은총으로 두 자녀가 이제 각자 자신의 가족과 직업을 갖게 된 것이 무엇보다도 가장 자랑스럽습니다."[6] 보즈먼은 가족에 헌신적이며 교회 활동에도 열정적인데, 30년 넘게 핸드벨 성가대에서 활동하고 있지요.

보즈먼은 학생을 가르치는 일과 연구를 통해 수학과 연결을 계속 유지하는 동시에 여성의 수학 분야 진출을 장려하기 위해 최선을 다하고 있습니다. 보즈먼은 젊은이들에게 직업적 영역과 개인적 영역 모두에서 적절한 멘토를 찾으라고 조언합니다. "남의 조언에 귀를 기울이되, 걸러서 듣고, 그중 자신이 할 수 있는 것을 사용하세요."[7]

보즈먼의 손녀가 보즈먼에게 '역사를 만드는 사람들' 초등학교 방문 프로그램에서 사용할 로켓을 만들어주었다.

펀 헌트
Fern Y. Hunt

1948년 ~

수학과 기술을 연결시키다

수학의 응용은 완전히 다를 수 있지만, 수학 자체는 여전히 똑같고, 그 자체로 아주 흥미로울 수 있습니다. 그것이 바로 수학의 보편적 속성입니다.[1]

- 펀 헌트

편 헌트에게 과학과 수학에 관심을 갖도록 불을 지핀 불꽃은 여러 가지가 있었습니다. 9세 때 크리스마스 선물로 받은 화학 실험 세트와 뉴욕시 주변의 박물관과 도서관을 자주 방문한 것도 그런 불꽃에 포함됩니다. 라살중학교 9학년 때 프레다 데넨마크 선생님에게 들었던 대수학 수업과 격려를 아끼지 않았던 과학 클럽 지도교사 찰스 윌슨도 빼놓을 수 없지요. 윌슨 선생님은 헌트에게 컬럼비아대학교의 토요일 과학 프로그램에 등록하라고 조언했습니다. 헌트는 그 조언을 받아들여 수학 과정을 밟았습니다. 윌슨은 또한 들어가기가 매우 힘든 브롱크스과학고등학교에 응시하라고 권했고, 헌트는 조언에 따라 그 학교에 입학했습니다.

헌트는 시험을 좋아하거나 "좋은 점수를 받는 데 필요한 답을 딱 적어내는" 유형은 아니었지만 "배우는 것과 사람들과 토론하길 늘 즐겼습니다."[2] 15세 무렵에 헌트는 자신이 수학을 인생의 진로로 선택하리란 사실을 알았습니다.

가족도 지원을 아끼지 않았습니다. 제1차세계대전 이전에 헌트의 조부모는 뉴욕시에서 기회를 찾기 위해 자메이카에서 미국으로 이주했습니다. 우편물 처리 일을 한 아버지와 타이피스트였던 어머니는 수학이나 과학에 관심이 없었지만, 두 사람은 헌트의 관심을 적극적으로 후원했습니다. 2년 동안 헌터칼리지를 다니다가 돈 때문에 중도에 학업을 그만둔 어머니는 헌트에게 고등 학위를 따라고 격려를 아끼지 않았습니다. 헌트는 어머니의 말대로 했으며, 1969년에 브린모어칼리지에서 수학 학사학위를 받았습니다. 3학년 때 마틴 에이버리 스나이더 교수가 자신이 나온 대학원인 뉴욕대학교 쿠랑트수리과학연구소에 들어가라고 권했습니다. 헌트는 그 조언을 따랐고, 1978년에 수학 박사학위를 받았습니다.

헌트는 유타대학교에서 일하다가 가족과 더 가까운 곳에서 지내기 위해 동부로 옮겨 갔습니다. 그리고 하워드대학교 수학과에서

1973년, 뉴욕시 지하철을 탄 어느 여성의 사진.
헌트가 맨해튼의 어퍼웨스트사이드에서 자라던
시절에는 뉴욕시의 빈곤율과 범죄율이 높았다.

엘리자베스 캐틀릿이 하워드대학교 캠퍼스에 설치한
공공 조각 작품인 〈학생들이여, 포부를 가져라〉.
헌트는 이곳에서 15년 동안 수학을 가르쳤다.

15년 동안 일한 뒤, 미국 국립보건원의 수리생물학연구소에서 일자리를 얻었습니다. 지금은 미국 국립표준기술연구소의 컴퓨팅응용수학연구소에서 일하면서 미국 산업에 중요한 물질의 물리적, 화학적, 전기적 특성을 연구하고 있습니다.

2000년, 헌트는 수리생물학과 계산기하학, 비선형동역학 등의 분야에 기여한 업적으로 권위 있는 아서 S. 플레밍 연방봉사상을 받았습니다. 헌트는 이러한 연구를 다양한 과학 및 기술 문제에 적용하려는 과학자와 공학자와 함께 긴밀하게 협력했는데, 그 영향과 결과에 대해 많은 찬사를 받았습니다. 그 예로는 복잡한 기하학적 구조에서의 흐름, 미소 자기 장비의 모형 만들기, 광학 반사 연구, 컴퓨터그래픽스의 이미지 렌더링, 유전자 서열의 시각화 등이 있습니다. 헌트는 또한 수학자로서 보여준 훌륭한 헌신으로도 찬사를 받았습니다. 헌트는 여러 전문 수학 협회에 참여하고 있으며, 미국 에너지부 같은 기관에서 자문 위원으로 일했습니다. 과학계와 지역사회에서도 활발한 활동을 펼쳤는데, 고등학교와 대학교, 대학원에서 학생들, 특히 여성과 소수민족 학생들에게 멘토 역할을 하면서 수학 분야에서 경력을 쌓도록 권하고 이끌어주었습니다.

헌트는 미국수학회와 미국수학협회 회의에서 자주 발표자로 나섭니다. 헌트는 "나는 수학자가 되길 열망하는 학생, 특히 유색인종 학생에게 격려하고 조언을 하는 프로그램에 참여해 가르칠 때, 젊은이들에게 수학을 즐기고 그 힘을 이해하라고 격려하고 영감을 주려고 노력했습니다."라고 말했습니다.[3] 헌트는 '무한의 가능성 회의'와 '역사를 만드는 사람들' 프로그램에도 참여합니다. 또한 수리과학 부문 아프리카계 미국인 연구자 회의에도 적극적으로 참여하며, 모교인 브린모어칼리지의 평의원회 평의원이기도 하며, 여성과 소수민족 학생이 대학원에서 수학을 공부하도록 장려하기 위한 여름학교 프로그램의 강사로도 참여하고 있습니다.

몬테카를로방법

헌트의 연구 분야 중 하나는 확률론인데, 질병을 일으키는 세균의 구조나 컴퓨터 알고리즘과 광물리학을 사용해 존재하지 않는 물체의 모양을 시각화하는 방법처럼, 현실 세계의 문제를 분석하는 데 확률론이 큰 도움을 준다. 헌트는 또 한정된 목초지에 동물을 지나치게 많이 방목하는 경우처럼 악화하는 환경에서 종의 유전적 구성이 어떻게 변하는가와 같은 질문에도 수학을 적용한 연구를 했다.

헌트가 확률 연구에서 사용하는 주요 기술 중 하나가 몬테카를로방법이다. 간단하게 소개하자면, 몬테카를로방법은 무작위로 표본을 추출하는 컴퓨터 알고리즘을 사용해 위험을 계산하고 복잡계를 시뮬레이션한다. 이 방법에는 다양한 변형이 있지만, 모두 다음 네 가지 기본 단계를 따른다.

1. 입력 영역을 정의한다.
2. 영역 전체에 입력을 무작위로 분포시킨다.
3. 그 분포를 바탕으로 알고리즘을 계산한다.
4. 이 알고리즘을 사용하여 예측이나 모형을 계산한다.

현실에서는 연구할 가치가 있는 문제에 대해 몬테카를로방법으로 정확한 예측을 하려는 시도는 컴퓨터의 도움을 받지 않고는 그다지 실용적인 결과를 얻을 수 없다. 컴퓨터는 특별한 알고리즘을 사용해 무작위로 수천 개의 데이터점을 배치하고, 실제 값과 수백분의 1%밖에 차이가 나지 않는 추정치를 내놓을 수 있다. 일단 일련의 변수들을 기반으로 데이터점들을 잘 예측하는 수학 공식을 얻는다면, 미세한 생체분자에서부터 복잡한 날씨 패턴에 이르기까지 모든 것의 모형을 만들 수 있다.

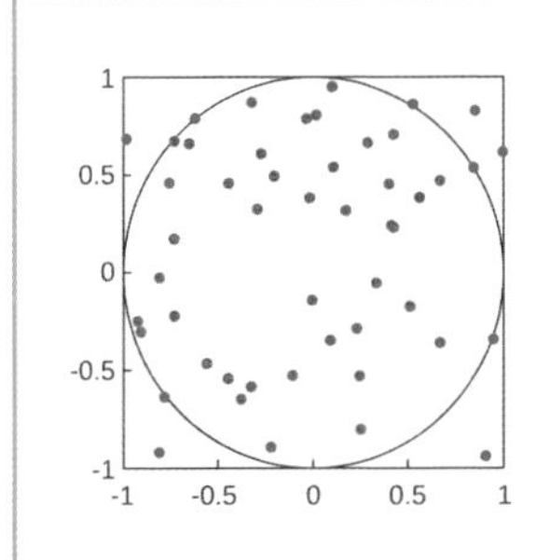

무작위로 흩어져 있는 50개의 점 중 40개는 내접 원 영역 내부에 있어 그 확률은 0.8인데, 이것은 정사각형 영역 면적에 대한 원 영역 면적의 비율($\frac{\pi}{4}$ 또는 약 0.785)과 비슷한 값이다. 어떤 영역의 면적을 모를 때에는 이 무작위 분산 방법이 그것을 알아내는 데 도움을 줄 수 있다.

2003년에 메릴랜드주 베세즈다에 있는 미국 국립보건원 본부 건물을 공중에서 촬영한 모습.

음악에도 재능이 있는 헌트가 교회학교 학생들과
함께 피아노를 연주하며 노래하고 있다.

헌트가 젊은 자신에게 했을 것이라고 한 조언은 어떤 분야에서건 자신의 미래를 생각하는 사람에게 도움이 됩니다.

훨씬 더 용감해지고, 과감하게 나아가세요. 편안한 영역에 안주하지 마세요. 당신이 하길 원하는 것과 같은 종류의 수학을 하는 사람들과 어울리도록 노력하세요. 설령 그들이 당신을 그다지 좋아하지 않더라도요. 아이디어를 만들고 실수를 가장 빨리 바로잡는 데 도움이 되는 방법이라면 회의와 웹사이트, 학술지, 모임 등을 비롯해 무엇이건 활용하세요.
물론 그러려면 당신이 존경하는 사람까지 포함해 남들의 의견에 상관없이 똑바로 설 수 있는 중심, 자신이 누구인지 정의하는 것이 필요합니다.[4]

헌트는 피아노를 연주하고 연극 관람을 즐깁니다. 그리고 역사를 읽은 것이 자신의 이야기(성공과 빼저린 실패를 포함해)에 적절한 맥락을 제공했다는 사실을 알게 되었습니다. 헌트는 이렇게 말합니다. “나를 괴롭히고 제약하는 미국과 유럽 역사의 비극은 견뎌내기가 더 쉽습니다. 조상들의 신념과 결단력에 대해 읽으면서 나는 난관을 헤쳐나갈 힘, 그렇게 분투하면서 다른 사람들에게 손을 내밀고 난관을 극복할 힘을 얻습니다.”[5]

카오스이론

펀 헌트가 큰 관심을 가진 분야 중 하나는 카오스이론인데, 이 이론은 주식 시장이나 날씨, 이동 패턴, 식물이 대륙에서 확산하는 양상 등을 포함해 복잡한 동역학계를 수학적으로 연구한다. 이러한 패턴은 상호 관련된 변수를 너무나도 많이 포함하기 때문에, 엄청난 데이터를 처리해 줄 거대한 고성능 컴퓨터가 없이는 제대로 예측하기가 불가능하다. 카오스이론을 이야기할 때에는 나비효과를 자주 언급하는데, 수학자 에드워드 로렌즈가 만든 이 용어는 예컨대 페루에서 나비 한 마리의 날갯짓이 몇 주일 뒤에 미국 오클라호마주를 덮칠 토네이도의 진로에 어떤 영향을 미칠 수 있는지를 이론적으로 설명하는 데 쓰인다. 우리의 일상생활에 영향을 미치는 날씨 같은 동역학계는 그 무작위성 때문에 예측하기가 무척 어려운데, 그래서 더 나은 예측 방법을 찾아내기 위해 많은 연구가 이루어졌다. 하지만 컴퓨터의 처리능력이 엄청나게 증가하고, 수학적모형이 점점 더 정교해졌는데도 불구하고, 우리는 아직도 대자연의 변덕 앞에서 좌절을 느낄 때가 많다.

1974년 이래 가장 치명적인 토네이도를 낳은 기상계를 촬영한 위성사진. 2013년 4월 27일과 28일에 토네이도로 여섯 주에서 250명 이상이 사망했다.

마리아 클라베
Maria Klawe

1951년 ~

수학자, 컴퓨터과학자, 하비머드칼리지 총장, STEM 지지자

> **수학에서 성공하려면 타고난 재능보다 노력과 끈기가 더 중요합니다. 사실, 저는 이 조언을 분야에 상관없이 모두에게 해주고 싶지만, 전통적으로 타고난 재능을 무엇보다도 중요하게 여겨온 수학과 물리학 같은 분야에서 특별히 중요합니다.[1]**
>
> – 마리아 클라베

어느 날, 마리아 클라베는 친구와 함께 캐나다 브리티시컬럼비아주의 밴쿠버가 내려다보이는 절벽 위에 앉아있었습니다. 도시 풍경과 산과 바다를 감탄하며 바라보던 친구가 "50년 더 일찍 태어나서 밴쿠버가 큰 도시가 되기 전에 이곳에서 살았더라면 하고 바란 적은 없니?"라고 물었습니다.

클라베는 단호하게 "아니."라고 대답했습니다. 만약 50년 더 일찍 태어났더라면 자신의 삶은 무척 비참했을 것이라고 설명하면서 말입니다. 50년 더 일찍 여성으로 태어나 살아갔더라면, 수학이나 테크놀로지, 컴퓨터과학 분야에서 경력을 쌓거나 학계에서 힘 있는 인물이 되기는 거의 불가능했을 것이라고, 게다가 이런 경력을 결혼과 두 자녀와 결합한 삶은 절대로 살 수가 없었을 것이라고 덧붙였습니다.[2]

2008년부터 클라베는 공학, 과학, 수학 부문에서 미국에서 손꼽는 대학교 중 하나인 하비머드칼리지에서 최초의 여성 총장으로 재직하고 있습니다. 하비머드칼리지에 오기 전에는 프린스턴대학교에서 최초의 여성 공학과 학과장으로 일했고, 브리티시컬럼비아대학교에서 주요 지도자 자리를 여럿 맡았습니다. 클라베는 산업계에서도 8년 동안 일했는데, 캘리포니아주 산호세에 있는 IBM 알마덴 연구센터에서 처음에는 연구 과학자로, 그다음에는 이산수학 팀 관리자와 수학과 연관 컴퓨터과학 부문 관리자로 일했습니다.

네 자매 중 둘째로 태어난 클라베는 가족이 모두 자신을 항상 '남자아이'로 여겼다고 말합니다. 클라베는 그 시절을 돌아보며 이렇게 이야기합니다. "나는 오랫동안(아마도 9세 무렵까지) 언젠가 아침에 눈을 뜨면 진짜 남자아이가 되어있을 것이라고 믿었습니다." 아버지는 클라베를 '남자아이와 관련된' 활동에 관심을 가지도록 키우고 후원했으며, 아버지와 어머니 모두 클라베가 어떤 학문 분야나 지도자 역할에서도 탁월한 능력을 펼칠 것이라고 믿었습니다.

고등학생 시절에 선생님들은 일상적으로 여자는 수학이나 물리학을 할 수 없다고 이야기했습니다. 그러나 클라베는 그 말이 옳다고 여기지 않았습니다. 클라베는 "수학에서 배우는 것은 모두 자연스럽고 믿을 수 없을 정도로 간단해 보였습니다."라고 말했습니다. 대학교에서 미적분학의 엡실론-델타 증명을 배우다가 클라베는 모든 것이 딱 맞아떨어지는 완전무결함과 미적분학이 많은 문제를 해결하는 방식의 아름다움에 반해 수학에 푹 빠졌습니다. 일부 교수들은 그 분야에 여성 롤 모델이 거의 없는데 왜 수학자가 되려고 하느냐고 물었습니다. 하지만 어떤 교육자들은 수학을 좋아하는 여학생을 신선하다고 여겼습니다. 그들의 격려 덕분에 클라베는 K-12 봉사활동에 참여했는데, 이것은 여학생과 교사, 학부모에게 여성도 수학과 과학을 잘할 수 있으며, 고등학교에서 수학을 잘해야 어떤 전문 분야에서도 성공할 수 있다는 확신을 심어주는 프로그램입니다. 클라베는 앨버타대학교에서 1973년에 수학 학사학위를, 1977년에 수학 박사학위를 받았습니다.

교육자로서 클라베는 모든 학생이 수학에 쉽게 접근하고 수학을 매력적으로 느끼도록 하는 동시에 적절한 기술을 사용하여 학습 능력과 동기를 높이는 데 중점을 두었습니다. 2005년, 클라베는 미적분학 강의로 프린스턴대학교 공학과 학생회가 수여하는 교수상을 받았습니다. 또한 브리티시컬럼비아대학교에서 실어증 프로젝트를 조직했는데, 인간-컴퓨터 상호작용, 심리학과 청각학, 음성과학 교수들의 노력을 결합해 실어증(뇌졸중으로 가장 많이 일어나는 언어능력 상실) 환자의 삶의 질과 독립성을 향상시키는 휴대용 장비를 만들었습니다.

클라베는 많은 조직에서 활동하면서 과학과 기술 부문에서 여성의 진출과 지도력을 증진시키는 노력을 해왔습니다. 아니타보그연구소 의장을 역임했고, 컴퓨팅연구협회에서 여성지위위원회를 창설하고 공동 의장을 지냈으며, 미국예술과학아카데미와 미국수학

하비머드칼리지의 총장실 앞에 선 마리아 클라베.

가면 증후군이란 무엇인가?

1978년에 임상심리학자 폴린 클랜스와 동료 수잰 아임스가 처음 만든 용어인 가면 증후군은 자신이 큰 성취를 이루거나 그럴 능력이 없고, 자신이 거둔 성공은 실력으로 이룬 것이 아니며, 자신이 사기꾼이나 단지 운이 좋은 사람으로 드러날 것이라고 내면화된 믿음이나 개념을 가리킨다. 성공을 거둔 많은 여성이 이 증후군에 시달리는데, 그런 예로는 이 문제에 대해 많이 이야기한 마리아 클라베를 비롯해 에마 왓슨, 케이트 윈슬렛, 셰릴 샌드버그, 제니퍼 로페즈, 레이디 가가, 티나 페이, 에이미 폴러 등 많은 사람이 있다.

회(이사 역임)와 컴퓨터기계협회(회장 역임)의 회원입니다. 또한 비영리단체인 '미국을 위한 수학'을 포함해 많은 단체의 운영진에 자신의 전문 지식을 제공했습니다.

2014년에 아니타보그연구소 지도력 부문 여성 비전상을 수상한 클라베는 2014년에 〈포춘〉이 선정한 가장 위대한 세계 지도자 50인 중 17위에 올랐습니다. 2015년에는 캐나다컴퓨터과학협회로부터 평생공로상을, 미국대학여성협회로부터 공로상을 수상했으며, US 뉴스 STEM 해결책 지도력 부문 명예의 전당에 올랐습니다. 2016년에는 컴퓨팅연구협회로부터 공로상을 받았습니다.

클라베는 기술 부문의 선배 여성으로서 긍정적 변화를 만들어낼 수 있는 기회에 영감을 받아, 국제회의와 전국 심포지엄, 미국과 캐나다 전역의 대학교에서의 강연을 통해 STEM 분야에서의 다양성과 젠더를 강조합니다. STEM 산업과 교육 분야에서 일하면서 얻은 교훈을 적절히 곁들여가며 설명합니다. 클라베는 이 분야들에서는 얻을 수 있는 기회가 어려움에 비해 훨씬 크다고 믿으며, 다음 메시지를 전 세계 사람들과 공유하려고 합니다. "수학에서 성공하려면 타고난 재능보다 노력과 끈기가 더 중요합니다. 사실, 저는 이 조언을 분야에 상관없이 모두에게 해주고 싶지만, 전통적으로 타고난 재능을 무엇보다도 중요하게 여겨온 수학과 물리학 같은 분야에서 특별히 중요합니다."

최근에 클라베는 K-12 과학 및 수학 교육의 개선에 특별한 관심을 기울였습니다. 젊은이들에게 수학을 장려하기 위해 클라베는 학교에서 배우는 것과는 완전히 다르지만 알고 있는 지식을 사용해 풀 수 있는 문제들을 보여줍니다. 또한 컴퓨터 애니메이션에 수학이 어떻게 사용되는지도 보여줍니다. 클라베는 젊은이들이 수학 분야에 진출하는 것이 미래를 위해 꼭 필요하다고 믿습니다. "세계가 직면한 거의 모든 주요 문제(예컨대 기후변화, 의료, 교육 등)를 처리하

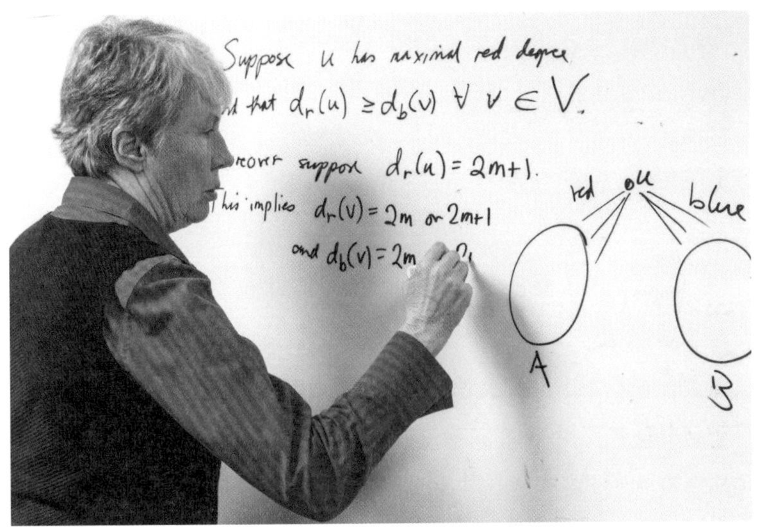

마리아 클라베는 수학 교육과정이 모든 사람이 쉽게 배우도록
짜여있지 않다고 생각하고서 그것을 바꾸려고 노력했다.

마리아 클라베는 지금 세계에서
일어나는 모든 주요 문제를 해결하는 데
수학이 필요하다고 믿는다.

클라베는 수학 외에 그림(165쪽 참고)과
스케이트보드도 사랑한다.

는 과정에는 다른 분야들도 많이 필요하지만, 수학도 어떤 형태로건 반드시 필요합니다. 또한 수학은 기계학습과 데이터과학에서 중요한 역할을 하는데, 이 분야들은 사회의 모든 측면에서 혁명을 일으키고 있습니다."

> **"도움을 청하고 도움을 받아들이세요. 자신을 격려하는 사람들을 주변에 두고, 자신의 감정을 남들과 나누고, 자신의 성공을 축하하고, 통상적인 방법이 효과가 없으면 새로운 접근법을 시도하세요. 그리고 두려움 때문에 최선의 노력을 멈추지 마세요."**
>
> — 마리아 클라베

클라베는 강연에서 어린 시절부터 즐겼고 대학생 때 더 발전시킨 미술을 자주 언급합니다. 예전에는 이 취미를 꼭꼭 숨겼는데, 여성 수학자와 컴퓨터과학자로서의 신뢰성이 떨어질까 봐 두려웠기 때문입니다. 이제 클라베는 부업으로 미술을 하지만, 더 이상 숨길 필요를 느끼지 않습니다. 총장실에 자신의 그림들이 걸려있으며, 심지어 갤러리에서나 자신이 모집하는 학생들에게 그림을 보여줍니다. "많은 공학자와 과학자가 미술가나 음악가, 무용수, 작가라는 사실을 알았으면 합니다. 공학과 과학은 창조적인 학문입니다. 창조적인 에너지와 열정과 재능이 다른 분야들과 겹치는 것은 결코 놀라운 일이 아닙니다."[3]

2005년에 마리아 클라베가 그린 작품 〈찌르레기 떼〉.

여성의 STEM 진출을 독려하다

마리아 클라베는 오래전부터 여성의 STEM 진출을 적극적으로 권장했다. 클라베가 브리티시컬럼비아대학교에서 자연과학대학 학장으로 재직하는 동안 여성 교수의 수는 24명에서 48명으로 두 배나 늘어났다. 클라베가 여성과 공학을 위한 NSERC-IBM 의장을 맡은 5년 동안 여성 컴퓨터과학 전공자가 16%에서 27%로, 컴퓨터과학과의 여성 교수 수는 2명에서 7명으로 증가했다. 클라베가 2006년 7월에 하비머드칼리지에 총장으로 왔을 때, 전체 교직원 중 여성의 비율은 약 30%였다. 그랬던 것이 2012년에는 전체 학생 중 여학생의 비율은 45%로, 전체 교수진 중 여성 교수의 비율은 40%로 증가했다. 클라베는 "내가 맡은 직책 중에는 여성이 최초로 진출한 자리가 많았는데, 그 때문에 당연히 많은 남성 지도자보다 더 많은 의심과 감시를 받았습니다."[4]라고 말했다.

아미 라둔스카야
Ami Radunskaya

1955년 ~

수학의 지도자, 작곡가, 지지자

음악, 수학, 성장과 진화는 동일한 법칙의 표현인가?[1]

- 아미 라둔스카야

아미 라둔스카야는 항상 패턴을 사랑했다고 말합니다. 뛰어난 첼리스트인 라둔스카야는 종종 패턴을 바탕으로 음악을 만듭니다. 미국 캘리포니아주에서 자란 라둔스카야는 아버지 사무실에서 덧셈기계의 버튼을 누르고 거기에 달린 바퀴가 돌아가는 것을 보면서 즐거운 시간을 보냈습니다. 도트매트릭스프린터로 인쇄된 수학 공식에서 나타나는 패턴을 보고는 그것이 '마술'이라고 생각했고, 프랙털과 동역학과 카오스를 더 자세히 배우고 싶었습니다. 하지만 수학에 대한 관심은 음악에 대한 열정에 밀려났지요.

라둔스카야는 9세 때부터 첼로를 연주했습니다. 16세에 고등학교를 졸업한 뒤, 첼리스트와 작곡가로 활동했고, 오클랜드 교향악단에 들어가 7년을 일했습니다. 또한 전자음악의 선구자인 돈 부클라와 함께 미국과 유럽을 돌아다니며 공연을 했지요.

이렇게 음악을 하면서 10년을 보낸 뒤, 싱글 맘이었던 라둔스카야는 버클리의 캘리포니아대학교에 들어가 컴퓨터공학과 화학을 공부하다가 결국에는 수학을 전공했습니다. 그리고 1992년에 스탠퍼드대학교에서 도널드 새뮤얼 온스타인 교수의 지도를 받아 〈결정론적 베르누이 유체 흐름의 통계적 성질〉이라는 논문으로 수학 박사 학위를 받았습니다. 라이스대학교에서 박사후 연구 과정을 밟기 위해 캘리포니아주를 떠나 텍사스주로 갔을 때, 라둔스카야는 그 대학교 수학과에서 유일한 여성이었습니다. 3년 뒤, 라둔스카야는 캘리포니아주로 돌아와 폼포나대학교에서 에르고딕 이론을 전문으로 하는 수학 교수가 되었습니다. 에르고딕 이론은 동역학계를 연구하면서 그 결과를 현실 세계의 다양한 문제에 적용하는 수학 분야입니다.

지난 15년 동안 라둔스카야는 다양한 의료 문제에 동역학계를 적용하는 연구를 해왔습니다. 그동안 수행한 연구 계획에는 암 면역요법과 항응고제의 효과, 확률적 현상 등에 관한 수학적모형도 포함됩니다. 최근에는 약학 대학원에서 약물을 뇌에 전달하는 방법을 연구

샌프란시스코만 옆에 위치한 캘리포니아대학교
버클리 캠퍼스. 라둔스카야는 이 대학교에서
학부 과정을 밟으며 수학을 전공했다.

라둔스카야가 수학 박사학위를 받은
스탠퍼드대학교의 후버타워.

돈 부클라의 '200e 전기 뮤직박스' 모형을 확대한 모습. 부클라는 미국과 유럽에서 함께 공연을 한
라둔스카야를 위해 1978년 무렵에 부클라 실리콘 첼로 모델을 만들었다.

하면서 안식년을 보냈습니다. 또한 소셜네트워크가 개념과 질병의 확산뿐만 아니라 우정에 미치는 영향도 조사하고 있습니다. 라둔스카야의 음악적 배경은 연구에 계속 영향을 미칩니다. 라둔스카야는 수학과 음악이 교차하는 지점에 여전히 큰 열정을 보이는데, 특히 동역학계를 악기 모델링, 소리 발생, 인터랙티브작곡에 적용하는 방법에 큰 관심을 갖고 있습니다.

라둔스카야는 여성수학협회 회장으로서 젊은 여성들에게 자신이 그랬던 것처럼 퍼즐과 수에 대한 즐거움을 경력으로 발전시키라고 장려합니다. 그래서 "재능 있는 젊은 여성들이 수학을 직업으로 삼으려고 수학계에 많이 진출해 그 경력을 유지한다면, 수학계 전체에 큰 이익이 될 것입니다."[2]라고 말합니다. 협력의 힘을 강하게 믿는 라둔스카야는 수학 회의들에서 다양성을 촉진하는 모임들을 조직했습니다. 또한 제 목소리를 내지 못하는 소수집단 출신의 수학자들이 심포지엄의 강연자로 더 많이 설 수 있도록 배려했습니다. 2013년에 라둔스카야는 미시간대학교의 트러셋 잭슨 교수(212쪽 참고)와 함께 미네소타대학교 수학응용연구소에서 'WhAM!: 여성응용수학자' 연구 워크숍을 조직했습니다. 그리고 대학원생과 초보수학자와 경력이 많은 여성 간의 협력을 장려하기 위해 서던캘리포니아여성수학자WiMSoCAL 연구 심포지엄을 4개나 만들었습니다.

라둔스카야가 떠오르는 젊은 수학자들의 멘토 역할을 한 노력은 널리 알려졌습니다. 2016년에 라둔스카야는 "수학 분야에서 여성 박사의 양적 증가를 낳은 인상적인 교육과 연구 변화"를 이끈 공로로 미국과학진흥협회로부터 멘토상을 수상했습니다.[3] 그 당시에 발표된 한 기사에 따르면, 미국과학진흥협회는 수학 분야에서 박사학위를 따려고 노력하는 여성, 특히 유색인종 여성을 지원한 라둔스카야의 공을 높이 평가했습니다. 미국과학진흥협회는 2016년 멘토상 수상 당시까지 라둔스카야가 수학 박사학위를 따도록 도움을

동역학계란 무엇인가?

동역학계는 진화하는 물리적 현상을 나타내는 수학적모형이다. 이 모형은 주로 세 가지 목적으로 사용되는데, 현상을 예측하거나 진단하거나 이해하는 데 쓰인다. 예측 모형(생성 모형이라고도 함.)의 목표는 과거와 현재의 관찰을 바탕으로 미래를 예측하는 것이다. 흔히 응용되는 분야는 경제예측이다. 진단 모형의 목표는 과거의 상태를 현재의 상태로 이끈 원인이 무엇인지 파악하는 것이다. 이것은 기본적으로 결과로부터 원인을 거꾸로 추론한다. 가장 분명한 응용 사례는 의학적 진단인데, 여기서 결과는 관찰된 증상이고, 원인은 질병이다. 세 번째 경우에 모형은 어떤 것의 작용 방식을 이해하는 데 통찰력을 제공한다. 예를 들면, 온도와 압력 그리고 다양한 화합물을 포함한 특정 화학반응을 일련의 미분방정식으로 나타내는 이론을 만들 때 이런 모형이 큰 도움을 준다.

특정 방사성물질의 붕괴처럼 확률에 크게 좌우되는(즉, 결정론적으로 예측할 수 없는) 현상은 수학적모형을 만들기가 매우 어렵다. 그런가 하면, 주식시장이나 날씨 패턴 같은 현상은 너무 복잡한 방정식이나 매우 정밀한 측정에 의존하는 방정식을 사용해야 하기 때문에, 장기 예측을 하기가 거의 불가능하다.

준 멘티가 82명이나 된다고 언급했습니다. 그중에서 여성은 80명, 남성은 2명이었습니다. 또한 23명은 아프리카계 미국인이었고, 5명은 라틴계였습니다.

라둔스카야는 여성수학협회와 수학응용연구소에서 활동하는 것 외에도, 여성이 수학 박사학위를 성공적으로 마치고, 수학계 전반에서 명시적인 지도자 위치에 설 수 있도록 돕는 대학원 교육의 다양성 강화 프로그램의 공동 책임자를 맡고 있습니다. 라둔스카야가 학계에서 받은 영예 중 인상적인 것으로는 2004년 어바인 우수 멘토링 평의원상과 2012년 포모나칼리지 우수 교수 부문 위그상이 있습니다.

2014년에 제작된 다큐멘터리 〈임파워먼트 프로젝트: 비범한 일을 하는 평범한 여성들〉은 30일 동안 7000마일(1만 1265km)에 이르는 미국 전역을 여행하면서 경이로운 여성 8명을 인터뷰하는데, 그중에는 라둔스카야와 해군 제독 미셸 하워드, 우주비행사 샌디 매그너스 박사가 포함돼 있습니다. 이 다큐멘터리의 목적은 남성이 지배하던 분야에서 탁월한 업적을 세운 라둔스카야 같은 야심적인 여성을 본보기로 제시함으로써 소녀들에게 "내가 성공하리란 걸 안다면 어떻게 해야 할까?"라는 질문을 스스로에게 던지도록 격려하는 것이었습니다.

라둔스카야가 수학 교수로 있는 포모나칼리지의 메이블쇼브리지스 음악의 전당 내부.

잉그리드 도브시
Ingrid Daubechies

1954년 ~

미술과 의학을 수학과 연결시키다

만약 내가 늘 더 많은 것을 배우길 원했다면, 그것은 바로 다른 종류의 문제에는 다른 종류의 수학적 도구가 필요했기 때문입니다. 나는 문제에 접근하기 위해 수학을 사용하고 개발합니다.[1]

- 잉그리드 도브시

9세 때 잉그리드 도브시는 잠이 오지 않아 가장 좋아하는 게임을 했습니다. 그것은 바로 머릿속으로 2의 거듭제곱을 계산하는 것이었지요. 2, 4, 8, 16…. 그 수가 매우 빨리 증가한다는 사실에 큰 흥미를 느낀 도브시는 졸음이 올 때까지 각각의 수에 계속 2를 곱해나가며 계산을 거듭했지요.

도브시는 기계와 공예에 대한 관심과 함께 지수적 증가(기하급수적 증가)에 대한 이 계산을 하면서 어린 시절을 풍요롭게 보냈습니다. 도브시는 평평한 천을 곡선 모양으로 바꾸면서 인형에 입힐 옷을 바느질해 만들길 좋아했지요. 아버지 마르셀은 광산기술자였고, 어머니 시몬은 범죄학자이자 역사학자였습니다. 두 사람은 딸에게 과학을 공부하라고 격려했습니다.

벨기에 하우트할렌에서 태어난 도브시는 정규 교육과정을 거쳐 17세 때 브뤼셀자유대학교에 입학했습니다. 여기서 물리학 학사학위를 받은 뒤, 프랑스 마르세유에 있는 프랑스국립과학연구센터CNRS의 이론물리학센터를 자주 방문하면서 〈해석함수의 힐베르트공간에서 커널에 의한 양자역학 연산자의 표현〉이라는 논문을 썼습니다. 그리고 그 결과로 1980년에 이론물리학 박사학위를 받았지요.

1980년대 초에 프랑스 수학자 장 모를레는 지구물리학적 신호의 분석과 관련해 중요한 발견을 했습니다. 모를레는 동료 과학자 알렉스 그로스만과 함께 푸리에변환을 사용해 신호를 구성 진동수들로 나누는 대신에 이 진동수들이 언제 발생하고 얼마나 오랫동안 지속되는지 정보를 제공하는 웨이블릿 변환을 개발했습니다. 1985년, 도브시는 그로스만과 이브 마이어와 함께 이산값들의 집합에서 웨이블릿 함수를 재구성하는 방법을 알아냈으며, 1년 뒤에는 뉴욕시 쿠랑트수학연구소의 객원 연구원으로 지내면서 콤팩트 지지 연속 웨이블릿을 만드는 데 성공함으로써 중요한 발견을 했습니다. 이 발견으로 웨이블릿 이론은 디지털신호처리와 이미지 압축에 큰

양자역학이란 무엇인가?

1900년에 물리학자 막스 플랑크는 혁명적인 양자가설을 주장했는데, 이에 따르면 에너지는 연속적으로 존재하는 게 아니라, 양자(더 이상 나눌 수 없는 에너지의 최소 단위)를 기본 단위로 하는 덩어리 형태로 불연속적으로 방출되고 흡수된다. 5년 뒤에 알베르트 아인슈타인은 플랑크의 이론을 사용해 광전효과(빛을 물체에 비추었을 때 그 표면에서 전자가 방출되는 현상)를 설명했다. 그 후 슈뢰딩거의 고양이*로 유명한 에르빈 슈뢰딩거와 하이젠베르크의 불확정성원리[2]를 발견한 베르너 하이젠베르크를 비롯해 여러 물리학자의 발견을 통해 양자역학 분야에 중요한 발전이 일어났다. 오늘날 양자역학은 원자와 아원자입자의 본질에 대한 통찰을 바탕으로 의료용과 연구용 영상기술, 레이저, 컴퓨터 마이크로프로세서를 포함해 중요한 현대 기술을 많이 탄생시켰다.

*잘 알려진 '슈뢰딩거의 고양이' 사고실험은 1935년에 오스트리아 물리학자 에르빈 슈뢰딩거가 생각해 냈다. 이 실험에서 슈뢰딩거는 피험자에게 독이 든 플라스크와 가이거계수기, 그리고 방사성물질과 함께 상자 속에 갇힌 고양이를 상상해 보라고 한다. 만약 방사성 물질이 붕괴하여 나오는 방사성원자가 하나라도 가이거계수기에 탐지되면, 그 순간 플라스크가 깨지면서 독이 나와 고양이는 죽고 만다. 양자역학의 한 해석에 따르면, 이럴 경우 고양이는 죽은 동시에 살아있는 것(이를 '양자 중첩' 상태라고 부른다.)으로 간주된다. 무작위적으로 일어나는 방사성붕괴 사건이 정확하게 언제 일어날지 알 수 없고, 따라서 외부 관찰자는 그 사건이 일어났는지 여부를 알 방법이 없기 때문이다. 이 사고실험을 통해 슈뢰딩거는 "양자 중첩이 끝나고 현실이 시작되는 때는 정확하게 언제일까? 즉, 상자 속의 고양이가 죽거나 살아있는 상태로 분명히 결정되는 때는 언제일까?"라는 질문을 던졌다.

영향을 미치게 되었지요.

도브시는 또한 많은 미술가와 역사학자, 보존 전문가와 협력해 오래된 미술작품을 복원하고 위조품을 확인함으로써 미술계에도 막대한 영향을 미쳤습니다. 도브시가 이끄는 팀은 웨이블릿 변환을 사용

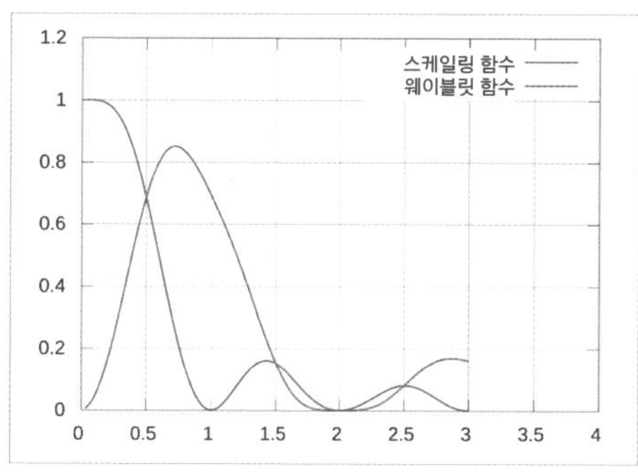

이 그래프는 도브시의 D4 웨이블릿의 진동수 스펙트럼 진폭을 보여준다.

브뤼셀자유대학교의 익셀 캠퍼스에 있는 타원형 건물. 이곳에서 도브시가 물리학을 전공했다.

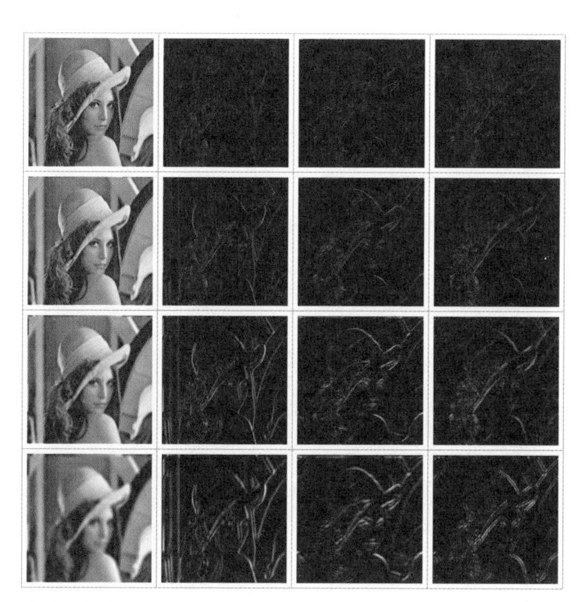

선명도에 변화가 있는 이미지에 웨이블릿 변환을 적용한 예. 도브시의 웨이블릿은 세부를 너무 많이 훼손하지 않으면서 이미지 크기를 압축해 준다.

웨이블릿 분석은 무슨 일을 할 수 있을까?

웨이블릿 분석과 관련된 혁신은 많은 곳에 응용되었다. 예를 들면, 미국연방수사국(FBI)은 정상적으로는 250테라바이트의 공간이 필요한 2억 5000만 개의 지문 파일을 웨이블릿 압축을 사용하여 저장하고 검색할 수 있다. 정상적인 지문 파일 1개는 약 10메가바이트의 공간을 차지하지만, 웨이블릿 압축 덕분에 FBI는 지문 기록을 저장하는 데 필요한 컴퓨터 메모리를 93%나 줄일 수 있었다. 2014년에 도브시는 이를 다음과 같이 설명했다.

> **웨이블릿은 이미지를 다양한 척도의 구성 요소들로 분해하는데, 이것들은 합쳐져 이미지에서 무슨 일이 일어나는지 기술한다. 이 접근법은 많은 것을 단순화하면서 이미지 분석에서 많은 세부 정보가 필요한 위치(이웃 지역과 픽셀이 많이 다르기 때문)와 그렇지 않은 위치를 알려준다.**[3]

의학 분야에서 자기공명영상(MRI)처럼 스캐너를 기반으로 하는 영상 시스템도 웨이블릿 기술에서 많은 도움을 받는데, 이 기술을 통해 품질이 떨어지는 인체 내부구조의 디지털이미지를 크게 개선할 수 있다. 그 결과로 환자는 스캐닝 과정에서 더 적은 방사선에 노출되고, 영상 촬영 과정을 더 빠르고 값싸고 안전하게 진행할 수 있다.

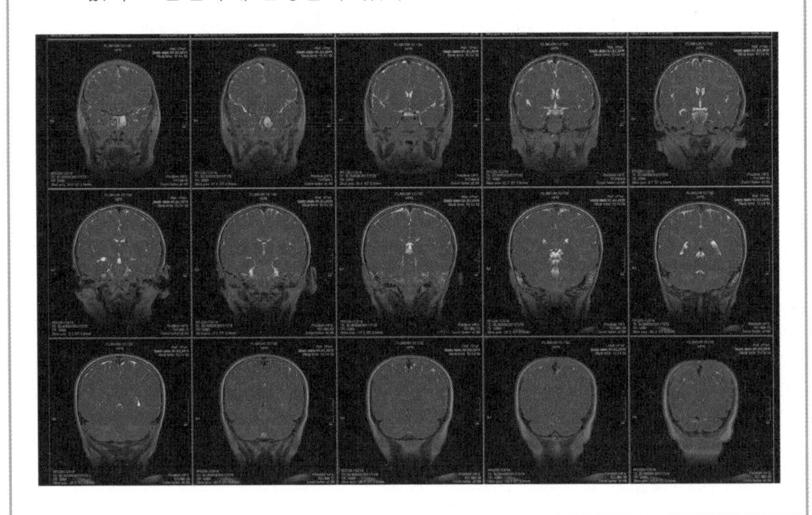

해 오랜 세월이 지나는 동안 페인트 층에 생긴 균열을 수학적으로 탐지하고 제거함으로써 고해상도 디지털 버전의 그림을 가상으로 복원합니다. 그러면 고문서학자들은 그림에서 더 많은 부분을 해독할 수 있어 다양한 미술작품에서 중요한 발견을 할 수 있는데, 그런 예로는 14세기의 〈헨트 제단화〉와 논란이 된 빈센트 반 고흐의 작품 등이 있습니다. 2014년에 세계과학학술원과 한 인터뷰에서 도브시는 그 과정을 다음과 같이 자세히 설명했습니다.

> **〈헨트 제단화〉의 경우, 우리는 세 가지 탐지 방법을 결합하여 모든 균열의 지도를 만들었습니다. 그런 다음, 이 균열들에 가상으로 물감을 칠해 그림을 더 선명하게 재구성했는데, 이 경우에는 한 패널의 배경에 묘사된 중세 책의 글자들을 선명하게 재구성했습니다. 그 덕분에 이전에는 고문서학자들이 단 두 단어만 읽을 수 있었지만, 이제 더 많은 단어를 해독할 수 있게 되었지요. 그 결과, 그 화가가 그림에 적어 넣은 글이 토마스 아퀴나스가 수태고지에 관해 쓴 특정 텍스트라는 사실을 확실히 알 수 있게 되었습니다.**[4]

도브시는 1987년에 동료 수학자인 로버트 칼더뱅크와 결혼하고 나서 미국에 영구적으로 정착했습니다. 같은 해에 도브시는 뉴저지주에 있는 AT&T 벨연구소의 수학연구센터에서 전문직 직원으로 일하기 시작했습니다. 그 후 학계로 복귀해 미시간대학교와 럿거스대학교에서 강의를 했습니다. 1992년에 도브시는 《웨이블릿에 관한 10개의 강의》라는 논문 모음집을 단행본 형태로 출판해 미국수학회의 관심을 끌었습니다. 1994년, 미국수학회는 도브시에게 연구논문 부문 스틸상을 수여하면서 웨이블릿 이론 분야에서의 획기적인 연구를 수상 이유로 언급했습니다.

플랑드르의 형제 화가 후베르트 반 에이크와
얀 반 에이크가 1432년에 완성한
<헨트 제단화>를 복원한 모습.

프린스턴대학교의 본관에 해당하는 나소 홀을
1903년 무렵에 찍은 사진. 도브시는
프린스턴대학교에서 최초의 여성 수학
정교수가 되었다.

고대 그리스 수학자 유클리드가 워싱턴 D.C.에
있는 미국 국립과학원 건물 정문을 장식하고
있다. 도브시는 2000년에 여성으로서는 최초로
수학 부문 국립과학원상을 받음으로써 역사를
새로 썼다.

도브시의 업적 중 일부는 그 개념이 생겨난 장소를 찾아내고, 모든 접근법이 서로 어떻게 관련되어 있는지 보여준 데 있습니다. 웨이블릿을 해석 도구로 사용하는 것은 푸리에해석과 비슷하게 간단하면서도 매우 강력합니다. 사실, 웨이블릿은 푸리에해석을 주파수와 공간 모두에서 국소화가 일어나는 경우로 확장한 것입니다. 그리고 푸리에해석과 마찬가지로 웨이블릿은 이론적 측면과 실용적 중요성을 모두 지니고 있습니다.[5]

많은 영예가 뒤따랐습니다. 도브시는 벨기에 국왕 알베르 2세로부터 남작 작위를 얻은 것 외에 2000년에 여성으로서는 최초로 수학 부문 미국 국립과학원상을 받았습니다. 또한 미국예술과학아카데미와 미국 국립과학원, 미국 국립공학아카데미 회원으로 선출되었습니다.

1994년에 도브시는 프린스턴대학교의 첫 여성 수학 정교수가 되었고, 2010년까지 응용계산수학 프로그램에 참여해 일했습니다. 2011년부터는 듀크대학교에서 수학뿐만 아니라 전기공학과 컴퓨터공학 부문에서도 강의를 하며 자신의 전문 지식을 학생들에게 나누어주고 있습니다. 그리고 동료 한희경과 함께 만든 듀크대학교 수학 부문 여름 워크숍에서는 지적이고 야심 찬 여고생들과 함께 수학에 대한 사랑을 나눕니다.

2011년에 여성으로서는 최초로 국제수학연맹 회장으로 선출된 도브시가 독일 베를린의 새 사무실 열쇠를 들고서 기뻐하고 있다.

수학의 뜨개질

데이나 타이미나
Daina Taimina

1954년 ~

뜨개질로 짠 놀라운 쌍곡평면 모형을 들고 있는 데이나 타이미나.

내가 상상할 수 없는 것을 왜 믿어야 할까?[1]

— 데이나 타이미나

라트비아 출신의 데이나 타이미나는 아주 어릴 때부터 수학에 뛰어났는데, 또래보다 개념을 훨씬 빨리 이해하고 급우보다 진도를 더 빨리 나가고 싶어 해 선생님을 힘들게 했습니다. 〈뉴욕 타임스〉와 한 인터뷰에서 타이미나는 실제로 2학년 때 급우들이 수학 수업 내용을 제대로 이해하지 못하자, "이 멍청이들!" 하고 소리치는 바람에 선생님이 부모님에게 편지를 보냈다고 털어놓았습니다.[2] 고등학교 시절에 재미있고 매력적인 성격으로 우수한 학생들이 수업에 흥미를 느끼게 하는 선생님을 보고서 타이미나는 언젠가 기회가 주어진다면 자신도 같은 방법으로 학생들을 가르치겠다고 결심했습니다.

그 목표를 위해 타이미나는 라트비아대학교에 입학해 수학과 컴퓨터과학을 공부했습니다. 그리고 1977년에 물리학과 수학 석사학위를 받고 최우등으로 졸업한 뒤, 대학교와 고등학교에서 수학을 가르쳤습니다. 1990년, 타이미나는 〈무한한 단어에 대한 다양한 종류의 자동기계와 튜링기계의 행동〉이라는 논문으로 벨라루스과학원의 수학연구소에서 박사에 준하는 학위를 받았습니다. 1년 뒤에 라트비아가 소련으로부터 독립하자, 타이미나는 라트비아대학교에서 정식 수학 박사학위를 받을 수 있었고, 그곳에서 20년 이상 강사로 일했습니다. 또한 라트비아의 한 출판사에서 편집자로도 일하다가 1990년대에 미국으로 이주했습니다.

타이미나는 "미국에 오기 전에는 '여성과 수학'이라는 이슈가 있다는 것조차 전혀 몰랐습니다. 나는 라트비아에서 가장 좋은 학교를 나왔고, 훌륭한 선생님들에게서 배웠거든요."라고 말했습니다.

타이미나는 여성이 수학에 서툴다는 생각은 교묘하게 만들어진 구성개념이라고 믿습니다. "여성과 수학 이슈는 서양에서 남성의 우월성을 해치지 않고 여성을 집 안에 묶어두기 위해 인위적으로 만들어낸 개념입니다."[3]

타이미나는 남편 데이비드 헨더슨이 수학 교수로 있던 코넬대학

쌍곡평면이란 무엇인가?

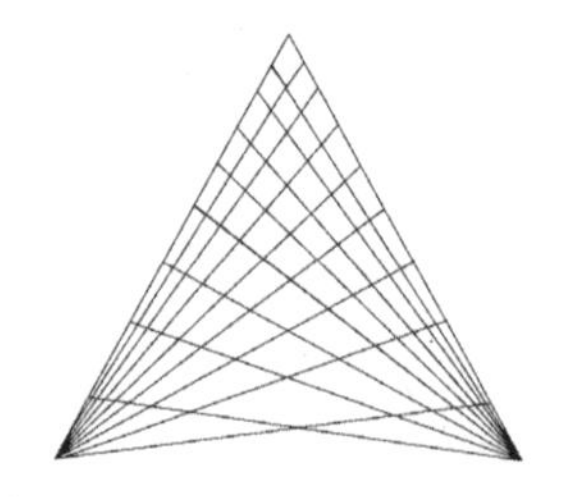

수천 년 동안 수학자들은 유클리드기하학(평면과 입체도형에 대해 연구하는 분야)이 존재할 수 있는 유일한 기하학이라고 믿었다. 유클리드의 다섯 가지 '공리'는 항상 진리로 받아들여졌고, 수학에서 수많은 정리를 증명하는 데 사용되었다. 그런데 수학자들은 '평행선공준'으로 널리 알려진 다섯 번째 공리가 항상 옳지 않다는 것을 증명했고, 여기서 비유클리드기하학 개념이 생겨났다. 쌍곡기하학은 산호초나 상추 잎의 극적인 곡선처럼 굽은 표면의 복잡성을 자세히 살펴보는 기하학이다(쌍곡기하학에 대해 더 자세한 내용은 239쪽 참고). 코넬대학교의 데이비드 헨더슨 교수는 잡지 〈캐비닛〉과 한 인터뷰에서 쌍곡평면을 이해하는 한 가지 방법을 다음과 같이 설명했다. "기하학적으로 구면과 정반대라고 생각하는 것입니다. 구면은 그 자신을 향해 구부러지면서 닫혀있습니다. 쌍곡평면은 공간이 모든 점에서 그 자신에게서 멀어져 가면서 구부러진 표면입니다."[4] 이와 비슷하게, 데이나 타이미나는 타원기하학과 쌍곡기하학(둘 다 비유클리드기하학)의 차이를 오렌지와 굴곡이 많은 양상추 조각을 비유로 들어 설명한다. 평평한 2차원 물체는 '곡률이 0'인 반면, 오렌지 표면은 '양의 곡률'을, 굴곡이 많은 양상추 조각은 '음의 곡률'을 가진다.

쌍곡기하학은 그저 추상적인 개념에 불과한 게 아니다. 오늘날 실제 세계에서 많이 응용되고 있는데, 특히 컴퓨터애니메이션에 많이 쓰인다. 또한 자연에서도 쌍곡기하학이 나타나는 사례를 발견할 수 있는

데, 갯민숭달팽이의 주름진 외투막과 암세포의 불규칙한 표면 등이 그런 예이다. 그리고 건축가와 외과의사, 공학자를 포함해 많은 전문가도 쌍곡 공간에 대한 지식을 유용하게 사용하고 있다. 예를 들면, 성형외과의사는 상처 주변의 피부가 자라는 방식을 제대로 이해해야 흉터를 최소화하는 시술을 할 수 있다.

타이미나의 모형처럼 학생들이 손에 들고 살펴볼 수 있는 물리적 모형이 있으면, 복잡하고 추상적인 수학 이론을 더 잘 이해하고 수학에 관심을 가지는 데 큰 도움이 된다. 옛날에 고등학교 시절의 그 선생님이 타이미나에게 수학에 관심을 갖게 했던 것처럼.

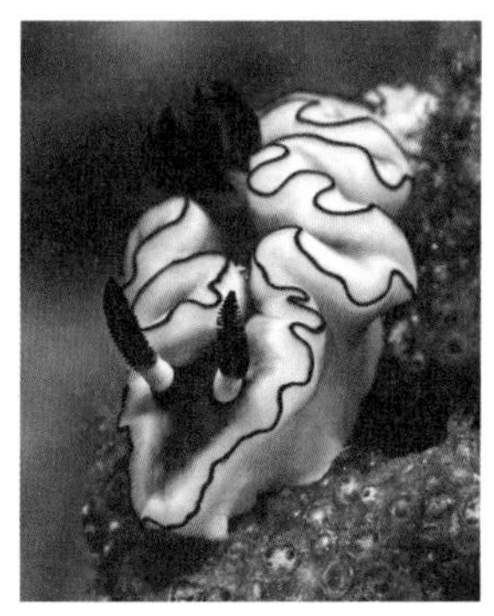

갯민숭달팽이

교 수학과에 들어간 뒤, 자신의 뜨개질 취미를 획기적인 아이디어로 발전시켰습니다. 타이미나는 단순히 머릿속으로 비유클리드기하학 공간을 상상하는 대신에 손으로 만질 수 있는 것으로 그 분야의 복잡한 개념들을 표현하고 싶었습니다. 쌍곡평면은 잘 알려진 푸앵카레 원판 모형처럼 늘 개념 모형으로 남아있었습니다. 그런데 1997년에 캠핑 여행 도중에 사슬 형태를 뜨개질하던 타이미나는 그것을 원래의 형태를 유지하는 쌍곡평면 모형으로 만들 수 있다고 생각했습니다. 정밀한 계획과 면밀한 뜨개질 작업을 통해 타이미나는 쌍곡평면을 나타내는 표면을 만들었습니다. 그래서 어떻게 되었느냐고

요? 타이미나는 최초로 쌍곡평면 모형을 물리적으로 만드는 데 성공했습니다. 이제 쌍곡평면은 머릿속으로만 상상해야 하는 대상이 아니라, 실제로 보고 만질 수 있는 대상이 된 것입니다.

타이미나가 그동안 미국 전역의 학교들을 위해 만든 쌍곡평면 뜨개질 모형이 얼마나 많은지는 정확하게 알 수 없지만, 적어도 수천 명의 사람이 이에 자극을 받아 스스로 자신의 모형을 만들었습니다. 타이미나는 "20년이 지난 지금도 사람들은 이것을 계속 즐기고 있어요."라고 말합니다. 타이미나는 교실에서 가르치는 개념을 설명하기 위해 많은 뜨개질 작품을 만들었지만, 이 작품들은 미학적으로도 가치가 있습니다. 완성하기까지 10시간에서 8개월까지 걸린 타이미나의 작품들은 미술 잡지와 취미 잡지에서 크게 다루었으며, 워싱턴 D.C.에 있는 스미스소니언협회의 미국사박물관을 포함해 많은 미술관과 박물관에서 전시되었습니다. 타이미나는 2009년에《뜨개질을 통한 쌍곡평면 모험》이라는 책을 출판했는데, 이 책은 2012년에 미국수학협회로부터 오일러상을 수상했습니다. 타이미나는 현재 이 책의 개정판 작업을 마쳤는데, 여기에는 완전히 새로운 모형들이 포함될 예정입니다. 타이미나의 강연은 수학자들뿐만 아니라 미술가들 사이에서도 인기를 끄는데, 미술가들은 작품의 색상과 세부 묘사를 높이 평가합니다. 수학교육과 뜨개질, 미술에 대한 사랑을 결합함으로써 타이미나는 어려운 추상적 수학 개념을 물리적모형으로 표현했고, 그 개념과 모형을 교실 밖으로까지 확산시켰습니다.

데이나 타이미나가 뜨개질로 만들어 세계적으로
유명해진 쌍곡평면 모형들.

타티아나 토로
Tatiana Toro

1964년 ~

콜롬비아에서 캘리포니아주까지, 안 된다는 대답을 거부하다

어떤 어려움이 있더라도 포기하지 말고 노력하세요.
꿈이 있다면, 설령 그것이 불가능하거나 미친 짓처럼 보이더라도,
그 꿈이 당신을 인도하도록 하세요.

- 타티아나 토로

콜롬비아에서 태어나고 자란 타티아나 토로는 초등학교 시절에 학교 운동장에서 수를 세는 수업이 더 의미 있는 무언가로 발전했을 때 자신이 수학을 사랑한다는 사실을 깨달았습니다. "나는 초등학교 1학년 때 수를 세는 법을 배웠는데, 그때 우리는 이 아름다운 블록 세트를 갖고 있었지요. 블록은 삼각형, 원, 사각형 등 모양이 다양했고 색도 제각각이었어요. 그 놀라운 선생님은 우리를 밖으로 데리고 나가 분필로 땅바닥 위에다 이 블록 세트의 그림을 그리게 했어요. 우리는 건물을 비롯해 갖가지 구조물을 그렸는데, 실제로는 집합론을 배우고 있었던 거예요. 친구들은 그 사실을 알아채지 못했지만 나는 아주 재미있게 여겼어요."

토로는 17세 때 콜롬비아가 처음으로 세상에서 가장 명성 높은 수학 대회인 국제수학올림피아드에 초대를 받았다는 사실을 알았습니다. 토로가 다니던 고등학교가 대회 출전자를 내보내도록 선정되었거든요. 고급 수학 수업을 받고 있던 토로는 자신이 참가 자격이 있다는 사실을 알았습니다. "그때 나는 2학년이었는데, 선생님에게 '제가 학교 대표로 올림피아드에 나갈 수 있을까요?'라고 물었습니다." 선생님은 참가자 4명(모두 남학생)이 이미 선정되었다고 대답했습니다. 하지만 토로는 계속 졸랐고, 그러자 선생님은 차에 빈자리가 있다면 대회장에 가도 되지만 학교를 대표해 대회에 참가할 수는 없다고 말했습니다. 그래도 토로는 물러서지 않았습니다. "나는 차에서 빈자리를 찾았고, 그들과 함께 올림피아드가 열리는 장소로 갔습니다. 그곳에 도착한 나는 대회 관계자들에게 물었지요. '내가 대회에 참가하면 안 될까요?' 그들은 내게 참가를 허락했고, 나는 콜롬비아와 우리 학교를 대표하는 팀에 합류했지요." 토로는 1981년 국제수학올림피아드를 성공적으로 마쳤고, 공부를 계속해 국립콜롬비아대학교에서 수학 학사학위를 받았습니다. 토로의 충고는 자신의 경험이 그 바탕에 깔려있습니다. 토로는 "어떤 어려움이 있

집합론이란 무엇인가?

집합론은 모든 수학 분야의 필수적 요소이다. 가장 간단하게 설명하자면, 집합은 사물들(이것들을 '원소'라고 부른다.)의 모임인데, 원소들은 $\{x, y, z\}$처럼 집합을 나타내는 중괄호 안에 넣어 표시한다. 예를 들어 그 이름이 A로 시작하는 미국 주들의 집합은 다음과 같이 나타낼 수 있다.

{Alabama, Arkansas, Arizona, Alaska}

이 집합의 원소들은 그 이름이 A로 시작하는 주들이다. 집합 내에서 원소들의 순서는 중요하지 않다. 원소가 하나도 없는 집합을 '공집합'이라고 부르는데, 다음과 같이 텅 빈 중괄호로 나타낸다.

$$\{\ \}$$

모든 수학적 대상은 다양한 집합으로 결합할 수 있는데, 그래서 집합은 모든 수학 분야에서 유용하게 쓰인다. 그중에서도 특히 확률과 통계 같은 분야에서 꼭 필요하다.

토로는 조화해석과 편미분방정식뿐만 아니라 기하학적 측도론 분야에서 일어난 최신 발견을 가르친다.

더라도, 설령 사람들이 불가능하다고 말하더라도 자신의 꿈을 추구하는 것이" 꼭 필요하다고 말합니다.

토로가 콜롬비아에서 친구들과 가족에게 수학자가 되겠다고 말하자, 모두가 그 결정을 회의적으로 생각했습니다. "모두가 미친 생각이라고 말했지요. 수학을 해서는 먹고살 수가 없다면서요." 하지만 토로는 미국의 여러 대학원에 지원했는데, 그중에는 명성 높은 스탠퍼드대학교도 있었지요. 스탠퍼드대학교는 들어가기가 매우 어려운 것으로 유명했는데, 토로는 입학하는 데 성공했고 유명한 수학자 리언 사이먼의 지도하에 1992년에 박사학위를 받았습니다.

스탠퍼드대학교에서 공부하는 동안 배운 교훈 중 하나는 처음으로 되돌아가야 할 필요성, 즉 원래의 가설로 되돌아가야 할 필요성이었습니다. 토로는 그것을 이렇게 설명합니다. "일련의 규칙을 가진 게임을 한다고 가정해 봅시다. 내가 어떤 게임을 석 달 동안 했고, 그동안에 어떤 전략, 승리할 수 있는 전략을 개발했다고 합시다. 나는 그 전략을 사람들에게 보여주고 싶겠지만, 그전에 한 가지가 더 필요한데, 그것이 옳다는 걸 증명해야 합니다. 만약 증명하지 못한다면 나는 처음으로 되돌아가야 합니다. 원래의 게임 규칙으로요. 내가 찾는 해답은 대개 처음에 있습니다."

토로는 캘리포니아대학교 버클리의 고등연구소와 시카고대학교에서 일한 뒤, 1996년에 워싱턴대학교에서 크레이그 매키번&세라 머너 수학 석좌교수가 되었습니다. 2012년부터 2016년까지는 로버트 R.&일레인 F. 펠프스 수학 석좌교수로 일했습니다. 그러고 나서 다시 캘리포니아대학교 버클리로 돌아가 챈설러 수학 객원교수로 일하면서 수리과학연구소의 조화해석 프로그램 부문에서 일했습니다. 토로는 대학원생들과 수리과학연구소를 방문하는 연구자들 사이를 잇는 다리 역할을 하면서 대학원에서 조화해석과 편미분방정식, 기하학적 측도론의 경계에서 일어나는 최신 발견들을 가르쳤습니다.

국제수학올림피아드 - 계산기 사용이 금지된 대회

명성 높은 국제수학올림피아드는 매년 전 세계의 고등학생들을 대상으로 열리는 수학 대회이다. 1959년에 루마니아에서 처음 열렸을 때에는 7개국만 참가했지만, 지금은 다섯 대륙을 대표해 100개국 이상이 참가한다. 참가자는 이틀 동안 여섯 문제를 풀어야 한다. 지금까지 중국이 가장 많은 우승자를 냈고, 러시아가 그 뒤를 바짝 쫓고 있다. 미국과 헝가리가 현재 공동 3위에 올라있다. 한동안은 대회에서 여학생을 보기가 힘들었지만(불가리아처럼 1959년부터 2008년까지 올림피아드에 여학생을 20명 이상 보낸 나라도 일부 있지만, 미국 같은 나라는 1998년까지 여학생을 단 한 명도 보내지 않았다.) 매년 여학생 수가 아주 조금씩 늘어나고 있다(국제수학올림피아드가 제공한 아래 그래프 참고).

국제수학올림피아드에 참가하는 여학생 수 (소폭) 증가세

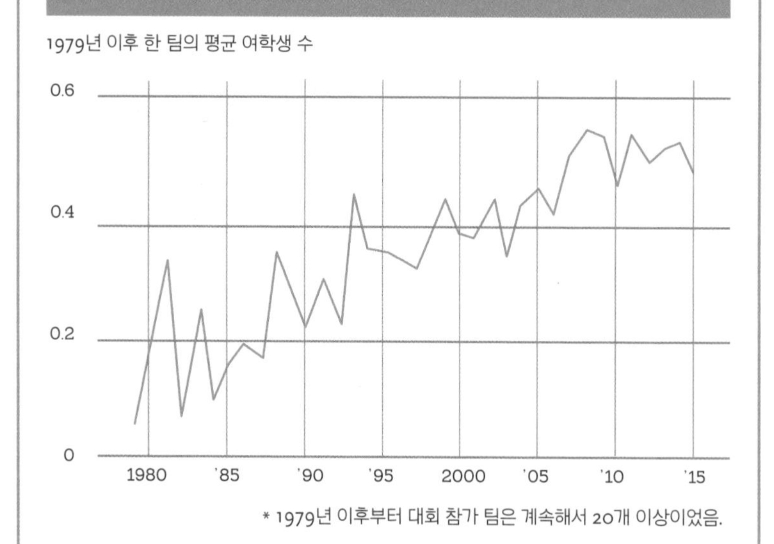

* 1979년 이후부터 대회 참가 팀은 계속해서 20개 이상이었음.

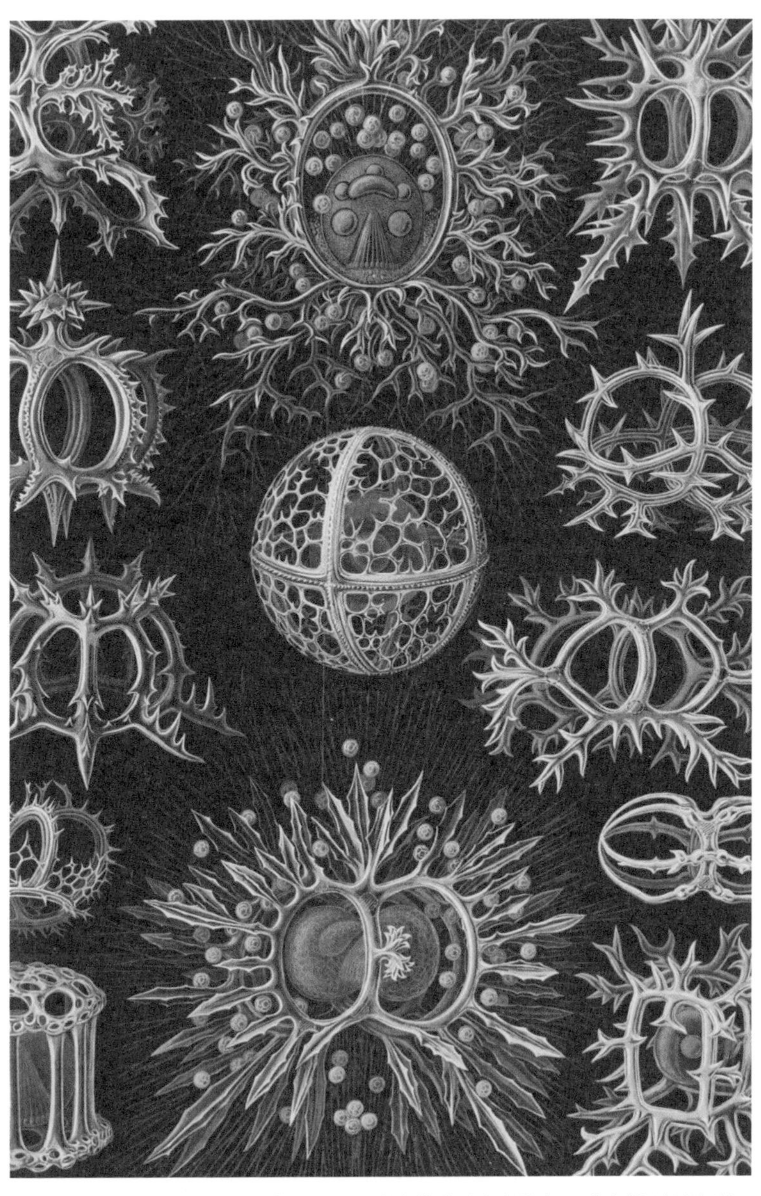

에른스트 헤켈이 1904년에 출판한 《자연의 예술적 형태》에 실린 이 일러스트레이션은 바다에 사는 플랑크톤의 일종인 방산충의 여러 가지 골격을 보여준다. 그 형태는 방산충이 물속에서 나아가는 방식에 의해 만들어진 것이라고 알려져 있다. 현미경으로 관찰하면, 방산충의 숨겨진 구조들은 거품에서 발견되는 것과 같은 종류의 구조들이다. 토로의 연구에는 이 숨겨진 패턴을 드러내는 것이 포함돼 있다.

"모두가 미친 생각이라고 말했지요.

수학을 해서는 먹고살 수가 없다면서요."

— 타티아나 토로

토로는 2015년에 구겐하임 특별 연구원이 되었고, 2017년에는 "기하학적 측도론과 퍼텐셜이론, 자유 경계 이론에 기여한" 공로로 미국수학회 회원으로 선출되었습니다. 토로의 연구는 어떤 대상은 거시적으로 보면 매우 복잡해 보이더라도, 미시적으로 보면 숨겨진 패턴이나 구조가 드러나는 현상을 탐구합니다. 이 숨겨진 패턴과 구조는 원래 대상을 자세하게 기술하는 데 사용됩니다(191쪽 참고). 토로는 그 업적을 인정받아 사이먼스재단의 특별 연구원, 앨프리드 P. 슬론 재단의 특별 연구원, 미국 국립과학재단 수리과학 박사후연구원으로 선정되어 연구비를 지원받았습니다.

토로는 수리과학 부문의 다양성을 확고하게 지지합니다. 토로는 2015년에 캘리포니아대학교 로스앤젤레스(UCLA)에서 열린 제1회 라틴계 수리과학자 회의(Lat@math)를 공동으로 조직해 개최했습니다. 그리고 라틴계 사람들이 이 분야들에서 경력을 쌓는 데 도움을 주는 운동을 이끌고 있습니다. 매년 열리는 이 회의는 현재 이 분야에 종사하는 라틴계 사람들의 발전을 촉진하고, 최전선에서 활동하는 사람들이 한 연구를 널리 알리며, 학계에서 공통의 이해관계를 중심으로 공동체를 형성하도록 돕습니다. 토로는 수학 분야에서 성공하는 데 지원과 격려가 얼마나 중요한지 잘 압니다. 토로는 불굴의 용기로 자신의 꿈을 강력하게 추구할 수 있었던 것은 다 어머니와 할머니의 지원과 격려 덕분이라고 말합니다. "나는 매우 남성중심적인 나라에서 태어났습니다. 그래서 나를 믿어준 어머니와 할머니가 없었더라면, 나는 오늘날 이 자리까지 오지 못했을 것입니다."

캐런 스미스
Karen E. Smith

1965년 ~

가환대수학의 국제적 전문가

대학원 과정에서 주위를 돌아보면서 자신보다 뛰어난 학생이 얼마나 많은지 염려하는 대신에, 주위를 돌아보면서 자신이 끌어줄 수 있는 사람을 찾는 편이 낫지 않은가요?[1]

- 캐런 스미스

캐런 스미스는 프린스턴대학교 2학년 때 현대대수학의 창시자에 관한 책을 읽다가 '그녀she'라는 대명사를 보고서 전율을 느꼈던 순간을 아직도 기억합니다. '그녀'는 바로 에미 뇌터(50쪽 참고)였습니다. 스미스는 그 순간에 자신의 인생에서 모든 것이 확 변했다고 말합니다.

스미스는 2017년에 한 인터뷰에서 이렇게 말했습니다. "아마도 그 순간까지는 나는 성별 때문에 제약을 느껴본 적이 전혀 없다고 말했을 겁니다. 그런데 우와! 어떤 면에서 이것은 의식적으로건 무의식적으로건 자신이 특권층에 속한 것은 아닌가 하는 질문을 한 번도 해 본 적이 없을 만큼 충분한 특권을 가진 사람들에게는 설명하기가 어렵습니다."[2] 스미스는 오늘날 젊은 여성들이 자신들도 그런 특권층에 속하며 중요하다고 느끼길 기대합니다.

스미스는 해변에서 가까운 미국 뉴저지주 레드뱅크에서 태어났습니다. 스미스는 어릴 때부터 수학을 좋아했고, 중학교 시절에는 모듈러 산술을 탐구했습니다. 또 재미를 위해 수학책들을 읽었지요. 특히 피보나치수에 관한 책에 관심이 가서 그 책을 몇 번이고 읽었습니다. 고등학교 3학년 때 미적분을 가르치던 선생님이 수학자이자 대중 작가인 언더우드 더들리가 쓴 책을 바탕으로 진행하는 정수론 특별 수업을 들어보라고 권했습니다. 스미스는 그 수업이 무척 마음에 들었습니다.

프린스턴대학교에서 첫해를 보내는 동안 미적분학을 강의했던 교수 찰스 페퍼먼이 스미스의 수학적 재능과 열정에 주목했습니다. 페퍼먼은 스미스에게 수학자로 경력을 쌓아보라고 권했습니다. 스미스는 이전에 그런 생각을 한 적이 한 번도 없었지만, 그 말을 듣고 곧장 전공을 공학에서 수학으로 바꾸기로 결정했습니다(부모님은 크게 실망했지만). 스미스는 1987년에 소수의 수학 전공자 중 한 명으로 프린스턴대학교를 졸업했고, 교사자격증을 따 뉴저지주의 공립

1부터 시작하는 연속적인 자연수 160개를 피보나치수들의 합으로 나타낸 이 컬러 그림은 벨기에 수학자 에두아르 제켄도르프의 정리를 보여준다.

하우메 플렌사의 조각 작품인 <연금술사>. 스미스를 포함해 MIT에서 연구한 많은 연구자와 과학자, 수학자에게 바친 작품이다.

고등학교들에서 수학을 가르치기 시작했습니다. 하지만 젊은 여성에 대한 지원이 부족한 것에 실망하던 차에 박사과정을 밟고 있던 친구 이야기를 듣고 대학원을 다니기로 결정했지요.

1988년에 스미스는 미시간대학교에서 대학원생으로서 학생들을 가르쳤는데, 이곳에서 조교수로 일하던 핀란드 수학자 유하 헤이노넨을 만나 1991년에 결혼했습니다. 하지만 스미스는 대학원 4년 차에 접어들어서야 수학을 직업으로 선택하는 것을 진지하게 고려하기 시작했습니다. "나는 수학자가 되기 이전에 인명구조원, 호텔 청소부, 가공육 써는 직원, 컴퓨터 부품 재활용 공장노동자, 피자 배달원, SAT 준비반 강사, 고등학교 교사를 비롯해 많은 직업을 전전했어요. 물론 베이비시터와 수학 가정교사, 캠프 지도자처럼 더 일반적인 일도 했지요. 나는 화려한 대학교에 들어갔지만, 살아온 삶의 뿌리는 평범한 노동 계층이었어요. 나는 돈을 벌려면 어떤 궂은일도 마다하지 않고 해야 한다는 사실을 잘 알고 있어요!"[3]

1993년, 스미스는 멜 혹스터 교수의 지도하에 〈매개변수 아이디얼의 단단한 닫힘Tight Closure과 F-유리수성〉이라는 논문으로 가환대수학 박사학위를 받았습니다. 같은 해에 퍼듀대학교에서 자연과학재단 박사후연구원 자리를 얻어 크레이그 허니크 밑에서 일했는데, 허니크는 1980년대에 혹스터와 함께 단단한 닫힘 이론을 개발한 수학자였습니다.

MIT에서 무어 강사 자리를 얻으면서 조교수로 승진해 보스턴으로 옮겨 갔을 때, 스미스의 대수기하학 연구가 활짝 꽃을 피웠습니다. 스미스는 동료들과 공동 연구자들과 함께 특이점[4]과 영이 되는 코호몰로지[5]에 관한 정리를 증명하기 위한 연구 계획의 기반을 닦았습니다.

1996년, 스미스는 "가환대수학과 해석학, 기하학, 컴퓨터과학의 상호작용" 계획을 제안한 공로로 미국 국립과학재단의 명성 높은 커

단단한 닫힘이란 무엇인가?

단단한 닫힘 이론을 이해하려면 우선 이것이 속한 수학 분야를 알 필요가 있는데, 그 분야는 바로 가환대수학이다. 기본적으로 비가환대수학(248쪽 참고)과 달리 가환대수학에서는 연산의 순서가 바뀌어도 결과에 아무 영향을 미치지 않는다(단순한 곱셈이나 덧셈의 경우처럼). 이런 종류의 대수학은 가환환可換環(집합 S와 덧셈과 곱셈의 이항 연산자를 포함하는 대수학적 구조)을 검토한다. 아이디얼ideal은 특정 조건을 만족시키는 환의 부분집합(예컨대 3의 배수)인데, 만약 주어진 연산을 통해 같은 부분집합의 한 원소가 항상 생겨난다면, 이 아이디얼은 '닫힘closure'이 있다고 말한다. 예를 들면, 양의 아이디얼은 덧셈 연산에서는 '닫혀' 있는 것으로 간주되지만 뺄셈 연산에서는 그렇지 않은데, 양수를 더하면 항상 양수가 나오는 반면, 한 양수에서 다른 양수를 빼면 항상 양수가 나오는 것이 아니기 때문이다.

단단한 닫힘은 가환 뇌터환(57쪽 참고)의 특성인 양의 소수($p > 0$) 아이디얼을 포함한다. 스미스는 단단한 닫힘을 다음과 같이 정의한다.

소수 특성 p의 뇌터 영역을 R이라 하고, I를 연산자$(y_1, \cdots, y_r)$를 가진 아이디얼이라고 하자. 만약 다음 조건을 만족하는 0이 아닌 R의 원소 c가 존재한다면,

$(*)\ cz^{p^e}) \in (y_1{}^{p^e}, \cdots, yr^{p^e})\quad e \gg 0$인 모든 e에 대해[6]

원소 z는 단단한 닫힘에 속한다고 정의된다.

여기서 기호 ∈는 기본적으로 '어떤 집합에 속하는 원소'라는 뜻이고, ≫는 '~보다 훨씬 큰'이란 뜻이다.

리어상을 받았습니다. 여기서 스미스는 미시간대학교에서 컴퓨터를 기반으로 한 대학원 과정을 만드는 동시에 수학과 컴퓨터과학 전공자들을 대상으로 사영기하학에 초점을 맞춘 일반 수준의 세미나를 개최하려는 목표를 밝혔습니다. 다음 해에 앤아버로 돌아간 스미스는 가환대수학과 대수기하학 연구[7]를 재개했습니다. 2001년 무렵이 되자, 스미스는 단단한 닫힘 연구 부문에서 세계적인 권위자가 되었고, 그 결과로 2001년에 2년마다 뛰어난 업적을 남긴 여성 수학자에게 수여하는 상인 루스 리틀 새터상을 받았습니다.

스미스는 연구 외에도 〈미국 수학 저널〉, 〈어드밴시스 인 매서매틱스〉, 〈미국수학회 저널〉, 〈툴루즈 연보〉 등을 비롯해 여러 수학 학술지의 편집자로도 일했습니다. 또 미시간대학교의 킬러 수학 교수로 일하면서 수많은 박사과정 학생들과 박사후연구원들을 길러냈는데, 그중 많은 사람이 현재 뛰어난 연구자로 활동하고 있습니다. 또 여성수학협회의 현지 학생 지부 자문 교수로도 일하고 있습니다.

스미스는 이위베스퀼레대학교의 객원교수를 맡고 있다. 핀란드 중부에 위치한 윌리스퇴 다리 너머로 보이는 건물이 이위베스퀼레대학교이다.

스미스는 미시간대학교에서 수학을 전공하는 많은 아프리카계 미국인에게 멘토 역할을 하고 있으며, 커뮤니티칼리지에서 미시간대학교로 편입한 학생들에게 조언을 하는 데 특별한 관심을 기울입니다.

스미스는 핀란드 이위베스퀼레대학교의 객원교수이기도 한데, 이 대학교와는 특별한 인연이 있습니다. 이곳은 2007년에 신장암으로 사망한 남편의 고향입니다. 두 사람 사이에는 세 자녀가 있는데, 큰딸 사넬마는 1998년에, 남매 쌍둥이인 타피오와 헬레나는 2003년에 태어났습니다.

현대대수학의 창시자가 여성이었다는 사실에 영감을 받은 지 30년 후, 스미스는 여성수학협회와 미국수학회의 초청을 받아 뇌터 강연[8]을 했습니다. 스미스가 수리과학 부문에서 이룬 중요한 업적과 재능 있는 수학자들을 잘 대우하고 지원하기 위해 기울인 노력을 인정받은 것이었지요.

질리올라 스타필라니
Gigliola Staffilani

1966년 ~

MIT에서 유일한 여성 순수수학과 교수

나는 빈둥거리면서 '이 분야에서 여성이 부족한 현실'에 대해 불평하는 것은 생산적이라고 생각하지 않습니다. 그렇게 해서는 아무것도 해결되지 않습니다. 어려운 정리를 해결함으로써 다른 사람들이 틀렸음을 증명해야 합니다.[1]

- 질리올라 스타필라니

질리올라 스타필라니는 자신의 성공에는 큰 행운이 따랐다고 말합니다. "내 인생은 확대해서 보면 행운이 작용했음을 볼 수 있는 순간이 아주 많습니다. 까딱했더라면 내 인생은 아주 다른 길로 흘러갈 수도 있었습니다."[2] 하지만 사실 스타필라니는 부단한 노력과 단호한 의지로 모든 역경을 극복하고 나아갔습니다.

스타필라니는 대서양 연안에 위치한 이탈리아 아브루초주의 농촌지역 마르틴시쿠로에서 자랐습니다. 부모와 오빠, 삼촌, 숙모, 사촌 둘, 조부모 두 분과 함께 '아주 붐비는' 농가에서 살았지요.[3] 스타필라니는 이웃집 친구와 함께 탐구하고 집안일을 돕고 장난감을 만들고 서로를 즐겁게 할 새로운 방법을 발명하면서 수많은 오후를 보냈습니다. "나는 그것이 어린이가 자라기에 아주 좋은 방법이었다고 생각합니다."[4]

자신보다 열 살이 많은 오빠가 학업을 계속 이어나가기 전까지는 가족 중에서 5학년 이상 학교를 다닌 사람은 아무도 없었습니다. 오빠는 고등학교를 졸업하고 계속 공부를 해 의사가 되었지요. 오랫동안 집에는 스타필라니와 오빠의 교과서 외에는 책이라곤 전혀 없었습니다. 아버지가 거금을 들여 "거의 모든 것"이 실린 일러스트 백과사전을 구입하고,[5] 오빠가 이탈리아판 〈사이언티픽 아메리칸〉을 정기 구독 하자, 스타필라니는 책을 읽느라 많은 시간을 보냈고, 독서는 마음을 활짝 열어주었습니다. "물론 많은 것을 이해하지는 못했지만, MIT 같은 장소를 알게 된 것은 이 잡지를 통해서였습니다. 당시에 그곳은 내게는 화성만큼이나 먼 곳으로 여겨졌지요."[6]

1970년대의 이탈리아에서는 학교 교육과정이 매우 엄격했습니다. 스타필라니는 그 시절을 이렇게 회상합니다. "우리는 모든 과목에서 평균적인 학생보다 더 나은 성적을 거두어야 한다는 압박을 받았고, 그래서 매 단계마다 능력을 시험받았습니다."[7] 스타필라니는 수학을 아주 잘했고, 그 때문에 선생님들과 급우들로부터 인정

"똑똑하다는 것은 미국에서나 이탈리아에서나 멋진 것이 아니었고, 그것은 지금도 마찬가지다. 나는 개의치 않았다. 어쨌거나 나는 여자아이한테 어울리는 행동에는 전혀 마음이 끌리지 않았다."[8]

– 질리올라 스타필라니

스타필라니가 대학교를 다닌 도시인 이탈리아 볼로냐를 하늘에서 내려다본 모습.

MIT의 자기 연구실에서 휴식을 취하고 있는 스타필라니.

받았습니다. 스타필라니가 10세 때 아버지가 결장암으로 사망했는데, 슬픔과 상실감을 이겨내는 데 수학이 큰 도움이 되었습니다. 숙제도 아닌 문제를 푸느라 몇 시간이고 매달렸고, 그 결과 스타필라니는 점점 더 수학 실력이 향상되면서 자신감도 커졌지요. 그와 함께 감정이 없는 세계인 과학에 흥미를 느끼게 되었습니다. 스타필라니는 "감정은 이미 우리 가족 사이에 차고 넘쳤지요."[9]라고 말합니다. 고등학교에 진학할 때가 되자, 스타필라니는 특히 높은 수학 성적을 요구하는 것으로 유명한 학교를 선택했습니다. 이 학교에서 스타필라니는 격려를 아끼지 않는 수학 선생님을 만났는데, 그 선생님은 어려운 수학 문제로 도전 의식을 자극했고, 스타필라니를 대학교에 보내라고 어머니를 설득했습니다. 어려운 집안 형편 때문에 주변 사람들은 스타필라니가 미용사의 길을 걷길 기대했고, 오빠의 의사 친구 중 한 명과 결혼하길 바랐습니다. "수학 선생님과 오빠는 수학 학위를 따면 내가 고등학교 선생님이 될 수 있다고 어머니를 설득했지요. 가족을 먹여 살릴 수 있을 뿐만 아니라 큰 존경을 받는 직업이라면서요."[10]라고 스타필라니는 말합니다.

스타필라니는 볼로냐대학교를 다니는 동안 경제적 지원을 받긴 했지만, 그걸로 생활비까지 해결할 수는 없었습니다. 그래서 수녀들이 운영하는 궁전의 복도에서 살았고, 캠핑용 버너로 음식을 조리했습니다. 박사과정을 밟던 미국인 학생으로부터 자신도 전문 수학자가 될 수 있다는 이야기를 들은 스타필라니는 미국에서 박사과정을 밟는 코스에 지원했고, 대학교를 졸업하자마자 시카고대학교에서 장학금을 받아 수학 공부를 계속하려고 미국으로 갔습니다. 그때 스타필라니는 큰 시련의 시간을 맞이했는데, 토플TOEFL 시험을 통과하지 못해 입학이 취소될 위기를 맞이했기 때문입니다. 빈털터리 상태로 이탈리아로 다시 돌아갈 각오를 하며 수학과 주변에서 2주 동안 머물다가 마침내 입학을 허락받았지만, 학자금 지원

심사가 지연되었습니다. 시카고대학교의 유명한 수학자이던 폴 샐리가 스타필라니에게 "진정한 재능"을 가졌고, "오로지 혼자 힘만으로 자신에게 꼭 필요한 장소를 찾아왔다."라고 칭찬하면서 1,000달러짜리 수표를 주었습니다. 토플 시험 통과 요건을 면제받은 스타필라니는 자신이 박사과정에 들어갈 자격이 있음을 증명하려고 단단히 별렀습니다. "칠판에 쓴 공식이라면, 나는 충분히 살아남을 수 있었습니다."[11]

스타필라니는 1995년에 박사학위를 땄고, 계속해서 고등연구원에서 더 어려운 수학을 공부하여 결국 스탠퍼드대학교에서 세괴 조교수 자리를 얻었습니다. 스타필라니는 스탠퍼드대학교와 브라운대학교에서 종신 재직권을 얻었고(프린스턴대학교에서도 강의를 하면서), 2002년에 MIT에서 종신 재직권이 보장되는 부교수 자리에 올랐습니다. 그리고 2006년에는 정교수가 되었습니다. 2007년부터는 애비 록펠러 마우제 수학 교수가 되었고, 2013년부터 2015년까지 수학과 부학과장으로 재직했습니다.

스타필라니는 분산 비선형 편미분방정식을 전문으로 하는 해석학자로, 물리학자들이 다양한 파동 현상(예컨대 극저온에서 희박한 기체의 행동, 바다와 얕은 해협에서 수면파의 행동, 은하들의 상호작용 등)의 모형으로 제안한 특정 편미분방정식들을 연구하는 순수수학자입니다. 스타필라니는 "그것들의 성질을 알기 위해, 그리고 그것들이 아주 복잡한 방법으로 상호작용 하는 방식을 알기 위해 매우 정교한 수학적 도구"를 사용하는데, 자신의 연구를 다음과 같이 설명합니다.

방정식들은 비선형인데, 이것은 그 해들을 더해서 다른 해를 얻을 수 없다는 뜻입니다. 비선형성이 포함되면, 한 파동의 해가 여러 파동의 해와 상호작용 할 때 어떤 일이 일어나는지 이해하는 것은 엄청나게 어려운 문제가 됩니다. 사실, 나 같은 수학자를 이 게임에

다른 수학자들과의 교류

"타티아나 토로(186쪽 참고)와는 시카고대학교 대학원생 시절부터 친구가 되었는데, 토로는 그곳에서 조교수로 일했지요. 나는 수리과학연구소MSRI의 과학자문위원회에서 3년 동안 마리암 미르자하니(233쪽 참고)와 함께 일했습니다. 미르자하니는 당연히 훌륭한 수학자이지만 훌륭한 사람이기도 했는데, 매우 사려 깊고 차분했지요. 학회와 그 밖의 행사에서 잉그리드 도브시(172쪽 참고)도 여러 번 만나 대화를 나누었어요. 나는 도브시를 크게 존경하는데, 내가 경력을 시작할 무렵에 도브시는 나의 우상이었지요. 웨이블릿에 관한 도브시의 연구는 내게 아주 큰 영향을 미쳤습니다. 나는 1955년에 프린스턴대학교에서 열린 여름 멘토링 프로그램 때 캐런 스미스(193쪽 참고)를 처음 만났습니다. 스미스는 이미 자기 분야에서 떠오르는 별이었지만, 내가 깊은 인상을 받은 것은 그 때문이 아니었습니다. 스미스는 놀랍도록 재미있으면서도 생각이 깊은 사람이지요. 첼시 월턴(243쪽 참고)은 몇 년 전에 MIT에서 무어 강사로 일할 때 알게 되었지요. 월턴은 연구자로 일하는 동시에 잦은 외부 봉사활동을 병행하면서 바쁜 일정을 능숙하게 소화하는 놀라운 사람입니다."[12]

끌어들인 것은 바로 이 상호작용을 연구하기 위해서입니다.
내가 이 연구에 사용하는 도구들은 조화 푸리에해석과 비선형 푸리에해석, 정수론, 동역학계, 미분기하학, 확률입니다.
나는 내가 씨름하는 문제들의 지적 도전을 사랑하는데,
이 문제들을 풀려면 활짝 열린 마음을 가져야 하고, 자세히 살펴본 수학 분야에서 적절한 순간에 완벽한 도구들이 나올 것이라고 믿어야 할 필요가 있기 때문이지요. 지루할 틈이라곤 전혀

없습니다![13]

MIT에서 스타필라니는 미분방정식과 다변수 미적분학을 가르쳤고, 자신의 강의를 만들 기회도 얻었습니다. 스타필라니는 우수 교수상을 받고 유명한 특별 연구원으로 선정되었을 뿐만 아니라, 미국수학회와 미국예술과학아카데미의 회원이기도 합니다. 2017년에는 유명한 구겐하임 특별 연구원으로 선정되었습니다. 스타필라니는 여성 수학자 회의도 조직하며, 기회만 있으면 수학자로 살아가는 장점을 극찬합니다. "수학을 좋아하는 학생을 만나면, 나는 항상 내가 아주 멋진 직업에 종사하고 있다고 이야기합니다. 자신의 생각을 이끌어나가고, 탐구하고 싶은 것을 탐구하고, 자신이 이룬 업적을 관심을 가진 사람들에게 설명할 수 있다는 것은 정말로 꿈같은 직업이지요."[14]

MIT의 공식 인장.

스타필라니는 순수수학자로서 자신의 일에 집중하지만, 학계 밖의 역할도 중요하게 여깁니다. 스타필라니는 MIT의 동료 수학 교수 토마시 므로프카와 결혼했고, 두 사람 사이에서는 마리오와 소피아가 태어났습니다. "나는 어머니이자 아내이기도 합니다. 수학 세계 밖의 삶도 큰 도움이 됩니다. 그것은 선생이자 연구자, 멘토, 관리자 등의 삶을 살아가는 내게 늘 작용하는 다른 힘들과 균형을 잡아주지요."[15]

자신이 연구하는 분산 방정식처럼 스타필라니의 삶은 예측할 수 없는 경로를 걸어왔습니다. 어려운 문제에 대한 사랑과 어떤 난관도 불굴의 정신으로 헤쳐나가는 능력 덕분에 스타필라니는 수학과 인생에서 경계를 허물고 앞으로 나아갈 수 있었습니다.

에리카 워커
Erica N. Walker

1971년 ~

취약계층을 위한 고등수학 교육을 지지하다

도시의 인근 지역이나 시내 학교들의 복도를 걸을 때, 나는 그들에게서 가능성을 봅니다. 내가 찾는 재능이 그곳에 있을 거라고 믿어요.[1]

- 에리카 워커

에리카 워커는 “사람들이 평생 수학을 배우고 활용하는 방법을 이해하고, 학교들과 공동체들이 어린아이에서부터 어른에 이르기까지 모든 사람을 위해 더 나은 수학 학습과 관여를 촉진할 수 있는 방법을 탐구하는 데 관심이 있는” 수학 교육자입니다.[2]

워커가 수학교육과 함께 배움 자체를 전반적으로 사랑하는 태도는 교육을 열렬히 지지하고 지원한 주변 환경을 통해 자연스럽게, 그리고 열정적으로 생겨났습니다. 워커는 “그래서 나는 항상 내가 원하는 어떤 사람도 될 수 있고 어떤 일도 할 수 있다고 생각했지요. 이런 종류의 지적 자신감은 가치를 매길 수 없을 만큼 소중합니다.”[3]라고 말합니다. 어린 시절부터 워커는 배움에 즐거움을 느꼈습니다. 어린 시절 내내 부모와 교사, 이웃, 또래 친구에게서 격려를 받았지요. 워커는 어린 시절에 자신에게 격려를 아끼지 않은 사람들에 대해 이렇게 썼습니다. “이 모든 사람들이 내게 배움에 대한 사랑을 불어넣었고, 매일 배움은 즐거운 것이며 결코 중단해서는 안 되는 것이라고 강조했지요.”[4] 이러한 성장배경 때문에 워커는 고등학생에게, 특히 취약계층의 학생에게 더 나은 수학교육을 받을 기회를 옹호하는 경력을 밟아가게 됩니다.

워커는 버밍엄-서던칼리지에서 우등으로 수학을 전공한 뒤, 웨이크포리스트대학교에서 수학교육 석사학위를 받고 고등학교 수학 교사자격증을 따 조지아주 디캘브 카운티에서 수학 교사로 일했습니다. 이 시기에 워커는 더 많은 아프리카계 미국인 학생에게 상급 수준의 대학교 수학 강의에 대비할 수 있는 고급 수학 강의를 듣도록 권장하겠다는 목표를 세웠습니다. 워커는 “고등수학은 아주 중요한데, 대학교에 진학할 기회를 높이기 때문입니다. 선택할 수 있는 경력의 폭도 넓어지지요.”[5]라고 말합니다.

워커는 고등학교에서 고등수학 코스 수강의 영향에 초점을 맞춘 논문으로 2001년에 하버드교육대학원에서 박사학위를 받았습니다.

"수학 교육자로서 나는 사람들이 평생 수학을 배우고 활용하는 방법을 이해하고, 학교들과 공동체들이 어린아이에서부터 어른에 이르기까지 모든 사람을 위해 더 나은 수학 학습과 관여를 촉진할 수 있는 방법을 탐구하는 데 관심이 있습니다."[6]

– 에리카 워커

워커는 다리, 특히 이 그림 속 브루클린브리지에서 영감을 받는데, 창조성과 상상력, 수학과 공학의 결합으로 탄생한 걸작에 감탄한다.

뉴욕시 어퍼맨해튼에 위치한 컬럼비아대학교 사범대학.

에리카 워커의 연구가 이룬 업적

"내 연구의 목표는 수학교육 분야가 앞으로 나아가는 데 도움을 주는 것이었습니다. 이전의 많은 연구는 흑인과 라틴계 학생의 성적 부진에 초점을 맞추었습니다. 나는 학교 안팎에서 성공한 학생들의 경험에 초점을 맞춤으로써 의미 있는 방식으로 수학을 배우고 연구하기에 적합한 학계의 강력한 공동체들과 풍요로운 공간을 발견했고, 그 방식은 수학을 배우는 데 어려움을 겪는 학생들에게도 유용하게 사용할 수 있었습니다."[7]

〈제때에 정규과정에서 벗어나: 고등학생들의 고등수학 코스 수강〉이란 제목의 이 논문은 수업을 계속 받은 학생과 중단한 학생을 포함해 고등수학 수업을 받은 학생들의 경험을 조사하고 그 결과를 분석했습니다. 워커는 컬럼비아대학교 사범대학에서 박사후연구원이 되었고, 2002년에는 교수가 되었습니다.

워커는 현재 컬럼비아대학교 사범대학의 수학교육과 정교수로 근무하고 있는데, 자신의 연구를 다음과 같이 설명합니다.

연구에서 나는 역사와 당대의 상황을 바탕으로 다양한 '공동체'(동료, 이웃, 학교, 가족과 가정)에서 사람들이 어떻게 수학을 하도록 배우고 사회화되는지 탐구합니다. 나는 또한 교사가 학생들의 장점을 활용해(학생들의 '단점'에 초점을 맞추는 대신에) 수학 공부의 결과(성적, 참여, 지속성)를 향상시키는 방법도 탐구합니다.[8]

워커의 연구는 〈미국 교육 연구 저널〉과 〈도시 수학교육 저널〉, 〈어번 리뷰〉를 포함해 동료 심사를 거친 여러 학술지에 발표되었습니다. 워커는 《수학을 배우는 공동체 건설하기: 도시 지역 고등학교의 학습 성적을 향상시키는 법》과 《배니커를 넘어: 흑인 수학자들과 탁월한 성취에 이르는 길》이라는 두 권의 책도 저술했습니다. 두 번째 책에는 수학자 30명과 인터뷰한 내용이 포함돼 있는데, 그중에는 흑인 여성으로서는 미국 대학교에서 두 번째로 수학 박사학위를 받은 에벌린 그랜빌 박사도 있습니다. "나는 《배니커를 넘어》에서 많은 수학자들의 이야기를 소개하면서 어떻게 하면 그들의 경험이 학교 안과 밖에서 젊은이들에게 수학에 관심을 갖게 하는 데 도움을 줄 수 있을지 생각했습니다."[9]

학계의 연구 외에 워커는 비영리단체와 학교, 교사와 상담도 합니다. 2016년에 〈사이언티픽 아메리칸〉과 한 인터뷰에서 워커는 이 분야에서 다양성을 촉진하는 방법에 관한 질문에 다음과 같이 대답했습니다.

학교에서 수학에 동등한 접근 기회를 보장할 수 있도록 더 광범위한 수학계가 발 벗고 나서야 합니다. 예를 들면, 나는 중등교육 수준의 일부 학교들에서 고등수학 수업을 들을 기회가 제한된 상황이 염려스럽습니다. 수학자들과 수학 교육자들이 함께 이러한 불평등에 대해 목소리를 높이고, 문제 해결을 위해 적극적으로 행동해야 한다고 생각합니다.[10]

트러셋 잭슨
Trachette Jackson

1972년 ~

수학을 이용해 암을 치료하다

어떤 사람들은 당신을 못 본 척하고, 어떤 사람들은 일부러 당신의 말을 못 들은 척할 테지만, 낙담하지 마세요. 당신의 모습이 눈에 띄게 하고, 그곳에 존재한다는 것을 분명히 보여주고, 당신의 목소리가 들리게 하세요![1]

- 트러셋 잭슨

암처럼 복잡한 질병과 싸울 때에는 강한 방어가 필수적입니다. 미시간대학교의 수학 교수 트러셋 잭슨이 수리종양학을 강력한 무기로 휘두르면서 이 싸움에 뛰어들었습니다. 잭슨은 지금이 이 분야에서 일하기에 아주 흥미진진한 시대라고 말합니다.

잭슨은 "수학과 컴퓨터를 사용해 모형을 만드는 접근법은 돌연변이 획득과 종양발생에서부터 전이와 치료 반응에 이르기까지 종양 성장의 모든 측면에 적용돼 왔습니다. 내 연구는 혈관 종양 성장과 표적 요법에 관련이 있는 중대한 문제들을 다룰 수 있는 수학적 접근법에 초점을 맞추고 있습니다."[2]라고 말합니다.

효과적인 암 치료 방법을 찾아내려면 암의 발달 과정을 이해하는 것이 필수적입니다. 암의 예후를 개선하기 위한 현재의 연구 중 상당수는 종양 성장과 관련된 경로를 선별적으로 표적으로 삼는 방법을 발견하는 데 초점을 맞추고 있습니다. 종양을 줄이고 전이를 막는 것을 목표로 하는 화학요법은 표준적이고 비교적 효과적인 치료법이지만, 건강한 조직을 손상시키고 면역계를 위축시키고 환자에게 엄청난 고통을 주는 부작용이 있어 상당한 대가가 따릅니다. 이런 이유 때문에 잭슨과 전 세계의 많은 연구자들은 암 증식과 혈관계의 변화를 포함한 신체 변화 사이의 연관관계를 찾고 있습니다. 잭슨은 2013년에 〈사이언티픽 아메리칸〉과 한 인터뷰에서 이렇게 설명했습니다.

지난 몇 년 동안 종양이 혈관생성을 시작하게 하는 방식이 중요한 주제로 떠올랐습니다. 우리는 종양에 반응해 혈관이 생성되는 과정의 기계론적 측면을 들여다보고 있습니다. 생체역학과 생화학이 어떻게 연결되어 이 기묘한 혈관 복합체를 낳는가 하는 질문을 던지고 있습니다. … 만약 혈관생성과 같은 것을 표적으로 삼을 수 있다면, 그것은 아마도 화학요법보다 부작용이 훨씬 적을

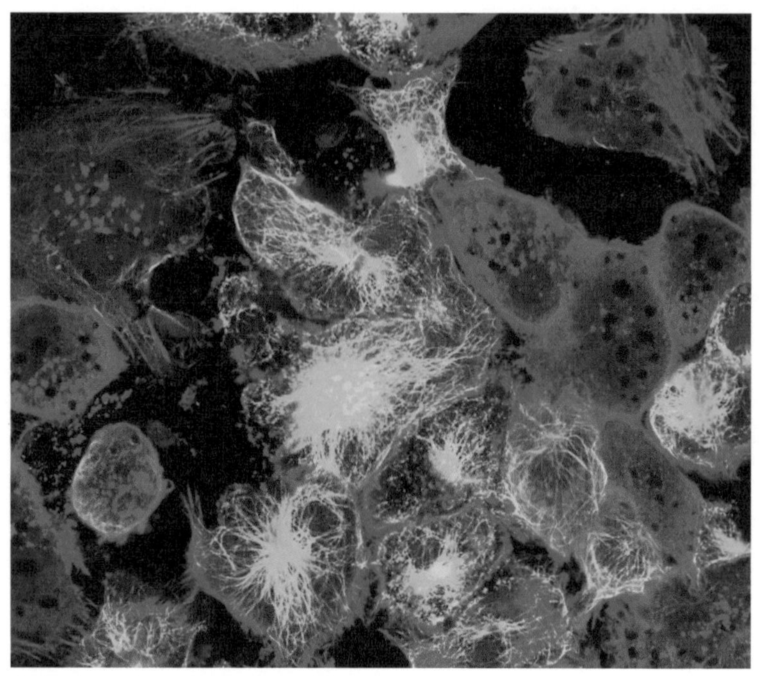

형광 분자를 붙인 종양 세포를 현미경으로 본 모습.

잭슨이 고등학교를 다닌 애리조나주 메사에서
변경주선인장 위로 슈퍼스티션산맥이 우뚝
솟아있는 풍경.

1998년, 잭슨은 시애틀에 있는
워싱턴대학교에서 응용수학
박사학위를 받았다.

것입니다.[3]

미국 루이지애나주 먼로에서 태어난 잭슨은 미 공군에 근무하는 아버지의 근무지가 바뀜에 따라 2년마다 한 번씩 새로운 주나 도시로 이사를 했습니다. 12세 때 잭슨의 가족은 애리조나주 메사에 정착했고, 그곳에서 잭슨은 1987년부터 큰 공립고등학교를 다녔습니다. 2학년이 끝난 여름에 잭슨은 근처의 애리조나주립대학교의 수학-과학 우등생 프로그램(MSHP)에 참여했는데, 이것은 피닉스 지역의 소수민족 학생들이 함께 모여 집중적이고 직접적이고 공동체적 환경에서 수학을 배우는 프로그램이었습니다. 여기서 잭슨이 미적분학에서 보여준 재능에 수학 교수였던 호아킨 버스토즈 주니어가 주목했습니다. 최근의 인터뷰에서 잭슨은 그 경험이 자신에게 미친 지속적인 영향력에 대해 다음과 같이 이야기했습니다.

MSHP는 제게 몰입과 자기 훈련과 인내심을 가르쳐주었습니다. 그리고 제 꿈을 향해 자신 있게 나아가도록 가르쳐주었지요. 또한 '부유한 집안'에 태어나지 않은 우리로서는 학문적으로 알 방법이 없는 '숨겨진 교육과정'에 친숙해지는 데 도움을 주었습니다.[4]

잭슨은 약 800명의 동급생 중에서 상위 20명 안에 드는 우수한 성적으로 고등학교를 졸업하고 애리조나주립대학교에 입학했습니다. 처음에는 공학을 공부하려고 했으나, 버스토즈 박사의 조언에 따라 수학으로 진로를 바꾸었습니다. 그리고 장차 자신의 박사과정 지도교수가 될 제임스 머리 박사의 '표범이 그 무늬를 얻은 방법'[5]을 수학적으로 다룬 강연을 듣고 나서 순수수학에서 수리생물학으로 다시 진로를 바꾸었지요. 1994년, 잭슨은 수학 부문에서 과학 학사학위를 받았고, 1996년에는 워싱턴대학교에서 석사학위를 받았습니다. 2년 뒤에는 〈2단계 암 화학요법의 수학적모형〉이라는 박사학위 논문을 완성해 응용수학 박사학위를 받았습니다.

대학원을 마친 뒤, 잭슨은 미네소타대학교의 수학응용연구소와

어떻게 수학으로 암과 싸울 수 있을까?

잭슨의 수학적 기술이 이 연구에서 빛을 발할 수 있는 비결은 종양 성장과 혈관 조성, 치료 결과의 생화학을 평가하는 일련의 수학적모형들에 있는데, 잭슨은 공동 연구자들과 함께 이 모형들을 개발했다. 잭슨은 "우리는 이 모형을 사용해 종양형성의 핵심 측면들에 기여하는 내피세포와 종양 세포 사이의 양방향 커뮤니케이션에 다양한 분자들이 미치는 통합적 효과를 조사합니다."라고 말한다.[6]

분자 차원에서 일어나는 이 메커니즘과 암 발생과 발달의 기본 경로에 대해 더 많은 것을 알아냄으로써 의사들은 분자 차원에서 작용하는 세포 특이적 암 치료법을 개발할 수 있다. 그리고 여기서도 수학이 도움의 손길을 내미는데, 잭슨과 동료들은 다양한 항암제가 며칠 동안 Bcl-2 단백질을 포함한 세포 내 분자들에 미치는 효과를 비교하는 수치적 모형을 개발하고 있기 때문이다.

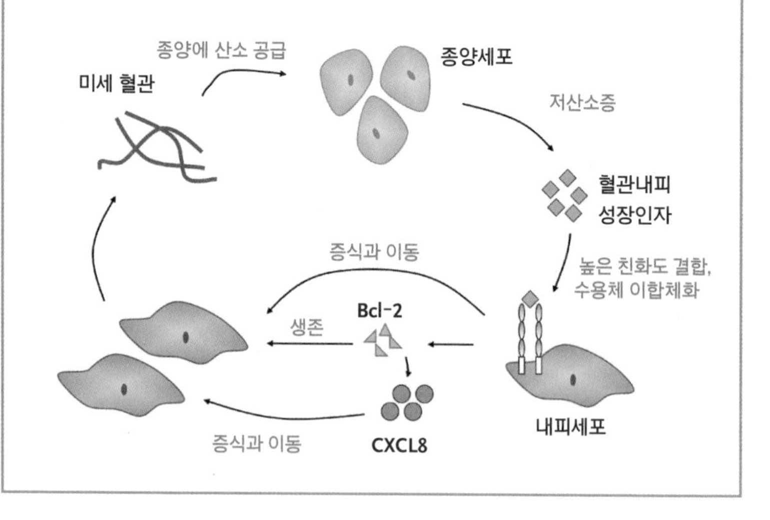

듀크대학교에서 박사후연구원으로 일하다가 2000년에 미시간대학교에서 교수가 되었습니다. 오랫동안 잭슨은 〈수리생물학 저널〉과 미국 국립과학원에 투고된 논문을 심사하는 일을 했고, 수리종양학에 관한 논문을 여러 편 발표했습니다. 2003년에 잭슨은 아프리카계 미국인 여성으로서는 두 번째로 수학 분야에서 명성 높은 앨프리드 P. 슬론 연구상을 수상했고, 2005년에 제임스 S. 맥도넬 재단은 종양 성장과 관련이 있는 새로운 혈관생성에 관한 수학적모형 연구 업적을 높이 사 잭슨에게 21세기 과학자상을 수여했습니다. 2006년, 잭슨은 미시간대학교에서 대학생에게 제공하는 생물학과 수학교육 연구 집단 경험 프로그램SUBMERGE의 공동연구 책임자가 되었고, 2008년에는 미시간대학교 정교수가 되었으며, 학술지 〈암 연구〉의 편집장으로도 일했습니다.

현재 잭슨은 공동으로 설립한 수리생물학연구그룹(MBRG)의 공동 책임자를 맡고 있는데, 이 단체는 대학원생과 박사후연구원에게 수리생물학 분야의 강연과 워크숍을 제공합니다. 잭슨은 암과 맞서는 전 세계적인 투쟁에 기여한 수학적 업적과 총명하고 야심 찬 유색인 청년들을 위한 롤 모델과 멘토 역할 때문에 지금도 계속 상과 국제적 관심을 받고 있습니다. 잭슨은 자신의 시도와 성취를 돌아보면서 젊은 시절의 자신에게 다음과 같은 충고를 합니다.

눈에 띄지 않으려고 하지 마라! 너는 아프리카계 미국인이고, 너는 여성이고, 너는 응용수학자이다. 그 본질을 온전히 받아들이고 자신의 삶을 참되게 살 용기가 있다면, 이 세 가지의 결합은 매우 강력한 힘이 될 수 있다.[7]

카를라 코트라이트-윌리엄스

Carla Cotwright-Williams

1973년 ~

자신의 기술을 사용해 세상에 큰 변화를 가져온 수학자

> **살아있는 한, 언제든지 새 출발을 할 수 있습니다.**
> **계속 시도하려는 의지 외에는 나는 별다른 점이 없습니다.**[1]
>
> \- 카를라 코트라이트-윌리엄스

미국 로스앤젤레스 남부 지역은 오랫동안 범죄와 폭력에 시달려 왔고, 카를라 코트라이트-윌리엄스는 주변 지역의 파란만장한 과거를 증언할 수 있습니다. 바로 그곳에서 자랐으니까요. "부근에서 절도 사건이 자주 일어났고, 갱단 폭력은 일상이었습니다. 경찰관이었던 아버지는 피해야 할 장소들을 잘 알았지요. 도둑들은 우리 집에도 여러 번 들어왔고, 심지어 앞마당에 있던 우리 개까지 훔쳐 갔어요."[2]

이런 환경 때문에 코트라이트-윌리엄스는 쉽게 주저앉을 수도 있었지만, 부모님은 그런 일이 일어나도록 가만있지 않았습니다. "어머니와 아버지는 항상 긍정적인 것을 강조했어요. 주변에서 이런저런 일들이 일어났지만, 그런 일들이 나를 정의하는 것은 아니었지요."[3]

중학교에 갈 나이가 되자, 가족은 도심지에서 로스앤젤레스의 다른 지역으로 이사를 했습니다. 더 좋은 학교와 더 많은 기회가 있는 지역으로요. "나는 웨스트체스터고등학교에서 시험을 통해 심화학습반에 들어갔습니다. 우리는 9학년 때 다른 학생들이 읽기와 쓰기를 배우는 동안 이미 대학입시 준비를 위해 논술을 썼지요."[4]

코트라이트-윌리엄스는 어릴 때부터 교육을 중요시한 데에는 친조부모와 외조부모의 영향이 컸다면서 "나는 교육이 성공의 열쇠라는 사실을 알았습니다."[5]라고 말합니다. STEM 분야에서 경력을 쌓겠다는 결정은 고등학교 시절에 굳어졌습니다. 코트라이트-윌리엄스는 고등학교 2학년 때 소수민족 공학 프로그램이 주최한 여름 심화학습 프로그램에 참여했습니다. UCLA에서 대학원생들로부터 수학과 공학 강의를 듣고, NASA와 에드워즈 공군 기지를 답사했지요. 코트라이트-윌리엄스는 롱비치에 있는 캘리포니아주립대학교에 입학했지만, 곧 큰 난관에 부닥쳤습니다. "나는 성적이 나빠 대학교에서 쫓겨났어요. 정식 학생의 지위를 되찾으려면, 평균 학점에서 부족한 부분을 만회하기 위해 정말로 열심히 공부해야 했지요."[6] 코트라이트-윌리엄스는 도움을 요청했고, 필요한 점수를

“STEM 분야들은 모든 사람에게 도전적입니다. 자신을 남과 비교하지 마세요. 나는 그러한 비교가 자신의 가장 큰 적이 될 수 있다는 사실을 알았습니다. 자신을 남과 비교하면 ‘가면 증후군’(161쪽 참고)에 빠질 수 있다고 생각합니다. … 나는 남들이 쉽게 성공했다는 우리의 상상은 틀린 경우가 많다는 것을 발견했습니다. 그러니 남에게 신경을 쓰는 대신에 자신이 할 수 있는 최선의 결과를 내는 데 초점을 맞추세요.”

– 카를라 코트라이트-윌리엄스

딴 뒤, 열심히 노력하여 수학 학사학위를 받고 졸업했습니다. 그리고 공부를 계속하여 서던유니버시티앤드A&M대학교(2002년)와 미시시피대학교(2004년) 두 군데에서 수학 석사학위를 받았습니다.

코트라이트-윌리엄스는 대학교에서 공학을 전공했는데, 대학원에서 흑인 여성 수학자인 스텔라 애시퍼드 박사를 처음 만난 경험을 다음과 같이 이야기합니다. “애시퍼드 박사는 내게 순수수학을 전공해 학위를 따라고 권했습니다. 나는 학부 시절에 겪은 어려움 때문에 수학자가 될 생각은 전혀 하지 않았었어요.”[7] 애시퍼드의 지도로 코트라이트-윌리엄스는 조합론의 한 분야인 매트로이드 이론에 관한 논문을 완성하고, 수학교육에서 순수수학 쪽으로 진로를 바꾸었습니다. 그리고 2006년에 미시시피대학교에서 박사학위를 받았습니다. 그사이에 장차 남편이 될 브라이언 윌리엄스를 만났는데, 그 역시 수학자였습니다. 두 사람은 같은 분야에서 일하지만, 코트라이트-윌리엄스는 남편과 같은 장소에서 함께 일하는 것을 피하려고 합니다. 그 이유를 “내 일을 할 때에는 나는 독립적인 사람이니까요.”[8]라고 설명합니다.

코트라이트-윌리엄스는 웨이크포리스트대학교와 햄프턴대학교

카를라 코트라이트-윌리엄스와 동료 수학자이자
남편인 브라이언 윌리엄스.

코트라이트-윌리엄스는 2012년에 AMS 의회 특별 연구원으로 선정되어 워싱턴 D.C.로 갔는데,
그것은 코트라이트-윌리엄스에게 전환적 경험이었다. "의회에서 일하는 것은 내 인생 최대의 기회 중
하나였어요! 모든 일이 아주 빠르게 돌아갔고, 나는 아주 빨리 배워야만 했지요."

2013년 보스턴 마라톤 폭탄테러 사건 때의 초동 대응자들.

에서 강의를 하다가 "종신 재직권 교수직 외의 다른 것"[9]에 마음이 쏠렸습니다. 그래서 수학계에서 다른 기회를 찾아보기로 결정했고, 그러다가 미국 정부에서 수학자로서 경력을 쌓는 길이 있다는 것을 알았습니다. 하지만 아무 준비도 없이 갑자기 진로를 확 바꿀 수 있을까요? 코트라이트-윌리엄스는 필요한 강의를 듣는 대신에 연방 정부와 학계의 공동연구 기회에 참여하기로 결정했습니다. "만약 공짜로 심화학습 교육 프로그램에 참여할 기회가 있으면, 나는 거기에 등록했습니다. 매번 그랬지요. 나는 교육의 힘을 확실히 믿습니다."[10] 코트라이트-윌리엄스는 NASA와 함께 일하면서 자율 항공 전자기기에서 시스템의 건강을 결정하고 유지하는 방법을 개선하기 위해 랜덤 그래프와 베이즈 네트워크 사이의 관계를 연구했습니다. 미 해군에서는 데이터무결성 문제에 사용할 기술을 개발하기 위해 불확실성의 통계적 측정을 검토하는 팀과 함께 일했습니다. 이러한 연구 경험은 코트라이트-윌리엄스에게 "학계에서 탈출하는 다리"[11]가 되었습니다.

코트라이트-윌리엄스는 공공정책 분야에서 대학원 과정을 밟았고, 멘토와 동료 네트워크를 발전시키기 위해 대학원 교육의 다양성 강화 프로그램(148쪽 참고)에 참여했으며, AMS 의회 특별 연구원에 지원했습니다. 처음에는 특별 연구원으로 뽑히지 못했는데, 그래서 코트라이트-윌리엄스는 두 번째로 지원하기 전에 개인적으로 철저한 준비를 했습니다. 2012년에 마침내 특별 연구원으로 뽑혔고, 미국 의회에서 과학기술 특별 연구원으로 일하게 되면서 의회에 새로운 관점을 더하는 역할을 했습니다. 2013년, 코트라이트-윌리엄스는 자신이 속한 위원회의 조사 팀과 함께 현장에 가 보스턴 마라톤 폭탄테러 사건의 초동 대응자들과 대화를 나누었습니다.

코트라이트-윌리엄스는 이처럼 독특한 여정을 통해 수학계와 더 넓은 과학계뿐만 아니라 과학계를 벗어난 일반 대중까지 포함하는

데이터과학자는 무슨 일을 하는 사람일까?

2006년에 패틸과 제프 해머바커가 만들어낸 용어인 데이터과학자data scientist는 기본적으로 다양한 곳에서 나온 엄청난 양의 데이터나 정보를 처리하고, 그 정보들을 서로 연결시키고, 분석과 해석에 사용할 수 있게 하는 일을 한다. 페이스북과 링크드인 같은 빅데이터 회사들은 늘 데이터를 수집하는데, 데이터과학자가 없다면 그 정보를 해석하기가 어려울 것이다. 왜 사람들은 어떤 광고를 다른 광고들보다 더 많이 클릭할까? 사용자들은 어디서 내 웹사이트를 발견할까? 왜 어떤 사람들은 다른 사람들보다 더 오래 인터넷을 들여다볼까? 만약 데이터와 수를 다루길 좋아하고, 분석에 재능이 있는 사람이라면, 날로 성장하는 데이터과학 분야가 고려할 만한 유망한 진로이다.

개인적, 직업적 네트워크를 형성했습니다. "평생 많은 사람들이 내게 도움을 주었습니다. 나는 내가 받은 도움을 결코 되갚을 수 없을 것이라고 생각합니다. 대신에 같은 방법으로 남들을 돕는 것만이 그 책임을 다할 수 있는 방법이라고 생각합니다."[12]

2015년, 코트라이트-윌리엄스는 은퇴자와 어린이, 아내나 남편을 잃고 혼자 지내는 사람을 포함해 6000만 명이 넘는 사람들에게 보조금을 지급하는 미국 사회보장국에서 하디-압펠 IT 특별 연구원이 되었습니다. 코트라이트-윌리엄스의 연구는 미국 시민에게 제공하는 서비스의 개선을 돕기 위해 정보(데이터)와 수학 도구를 사용해 정부 기능 중 흥미로운 측면들에 통찰력을 제공하는 것에 초점을 맞추고 있습니다. 이 연구는 분석을 사용해 정부의 기능을 개선하는 많은 방법 중 하나에 불과합니다. 코트라이트-윌리엄스는 "국가안보에서부터 에너지에 이르기까지 데이터분석은 현명한 의사결정을 이끄는 데 도움을 줄 수 있습니다."[13]라고 말합니다. 코트라이트-윌리

코트라이트-윌리엄스는 미국 국방부의
데이터과학자이기도 하다.

엄스는 2018년에 데이터과학자로서 국방부와 일을 시작했습니다.

코트라이트-윌리엄스는 자신이 비전통적인 수학 경력을 쌓을 수 있었던 것은 동료 수학자들과 가족, 선생님들, 카운슬러들을 포함해 많은 사람의 영향과 지원 덕분이라고 인정합니다. "그들은 나의 열정을 추구하고 나의 분석기술과 소프트스킬을 모두 사용할 수 있는 경력을 찾아보라고 격려했습니다. 그것은 결코 쉬운 일은 아니었습니다. 나는 미답의 바다를 항해하면서 이 새로운 세계에 나 자신을 새로 포장해 내놓아야 했으니까요."[14]

그것은 흥미롭고 복잡한 세계로, 고정관념을 무너뜨리는 역할을 포함해 많은 역할을 해야 하는 세계입니다. "방 안에서 유일한 수학자로 앉아있는데 아무도 그것을 알아채지 못하면 무척 재미있습니다. 나는 '전형적인' 수학자처럼 보이지 않으니까요. 수학자에 대한 지각을 넓히는 것은 우리의 수와 다양성을 증대시키는 데 중요합니다."[15]

코트라이트-윌리엄스는 네트워킹도 그 과정을 촉진하는 데 도움이 된다고 믿습니다. "그냥 그렇게 해야 합니다. 억지로라도 그렇게 해야 합니다. 명함을 가지고 다니면서 사람들에게 건네주세요. 자신을 소개하는 데 아주 좋은 방법입니다. 수학 학회이건 교회이건,

"자신이 아는 사람들하고만 어울리려고 하기가 쉽지만, 나는 밖에서 돌아다닐 때, 공간 안의 낯선 사람에게 나 자신을 소개합니다. 그냥 그렇게 해야 합니다."[16]

– 카를라 코트라이트–윌리엄스

나는 항상 주머니 속에 명함을 넣고 다닙니다." 코트라이트-윌리엄스는 이 분야들의 경력에 관심이 있고 비슷한 생각을 가진 개인들의 모임인 BIG(사업Business, 산업Industry, 정부Government, 그리고 학계Academia) 수학 네트워크의 일원입니다. 또한 공공서비스 단체인 델타 시그마 세타 여성 클럽의 회원이기도 한데, 이곳에서 아프리카계 미국인 여중생들에게 STEM과 관련된 프로그램을 소개하는 일을 합니다. 이 여학생들 중 일부는 장차 틀림없이 수학자가 될 것입니다.

유지니아 쳉
Eugenia Cheng

1976년 ~

세상에서 수학 공포증을 없애려고 노력하는 사람

내게 수학에서 가장 아름다운 부분은 우리가 논리적으로 이해하는 부분과 이해하지 못하는 부분 사이의 경계입니다. 더 많은 것을 이해할수록 그 경계가 더 확대되는데, 구의 표면적이 증가하기 때문이지요.[1]

- 유지니아 쳉

경제학에서 수확체감의법칙은 토지, 자본, 노동의 생산요소 가운데 한 생산요소만 증가시키고 다른 생산요소를 일정하게 유지하면, 생산량의 증가분이 차츰 감소한다는 법칙입니다. 유지니아 쳉은 어릴 때 어머니로부터 이 법칙을 비슷한 수학 개념들과 함께 배웠습니다. 쳉은 언니와 함께 부모님의 전폭적인 지원과 보살핌을 받았습니다. 이는 쳉이 자신감과 성취, 그리고 자신의 지식을 가장 이해하기 쉬운 방식으로 전파하고자 하는 욕망을 키워갈 수 있는 튼튼한 기반이 되었습니다.

쳉은 영국에서 태어나고 자랐는데, 대학교에 입학하기 전까지는 여학교만 다녔습니다. 여학생들은 학교에서 마음껏 놀면서 가장 마음에 드는 과목들을 선택해 집중적으로 공부했습니다. 쳉과 언니를 포함해 많은 여학생은 수학과 과학을 선택했습니다. 쳉을 가르친 선생님들 중 대다수는 여성이었고, 큰 권위를 가진 사람들 중에도 여성(총리와 여왕을 포함해)이 많았지요. 이런 요인들이 합쳐져 쳉은 자신이 어떤 일이라도 할 수 있다는 자신감이 생겼습니다. 학교 수업 외에 쳉은 닥치는 대로 책을 읽었고, 피아노를 쳤으며, 눈에 보이는 것은 무엇이라도 먹었습니다. 대학생과 대학원생 시절(모두 수학을 전공했지요.)은 케임브리지대학교 곤빌앤드카이우스칼리지에서 보냈습니다. 수리논리학 교수인 마틴 하이랜드가 박사과정 지도교수였습니다.

쳉은 관심 있는 연구 주제로 고차원 범주론을 선택했는데, 쳉은 이 분야를 수학의 수학이라고 부릅니다. "수학은 세상의 작용 방식을 깊이 이해하는 분야인데, 범주론은 수학의 작용 방식을 깊이 이해하는 분야이지요. 뭔가를 더 깊이 이해할수록 그것을 더 잘 다룰 수 있습니다."[2] 쳉은 수학을 더 많은 대중에게 이해시키기 위해 범주론에 관한 책을 쓰면서 자신의 주요 관심사 중 하나인 음식을 비유로 사용했습니다. 2015년에 출판된 책 《파이Pi를 굽는 법》의 각

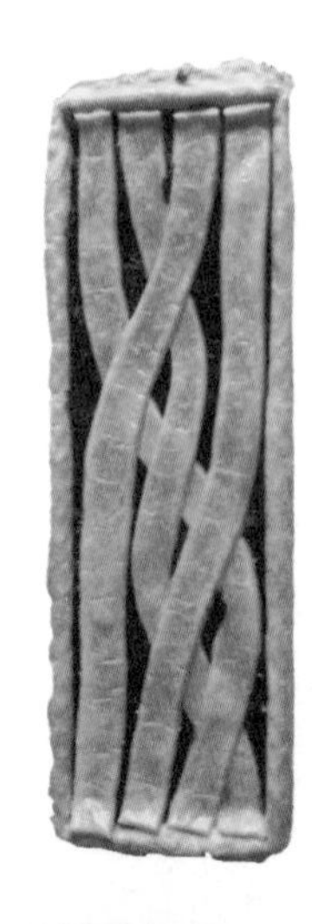

청의 '바흐 파이'는 바나나와 초콜릿, 설탕 입힌 페이스트리로 만든 '수학적 매듭'으로 이루어진다.

청은 영국 케임브리지대학교 곤빌앤드카이우스칼리지를 다녔고, 2002년에 순수수학 박사학위를 받았다.

2015년 11월 14일, 청은 〈스티븐 콜버트의 레이트 쇼〉에 출연해 요리 대결을 펼쳤다.

장은 디저트 레시피로 시작합니다. 첑은 이 디저트 레시피를 사용해 위상수학(토폴로지)과 군群, 집합 같은 수학적 개념과 공리를 통해 정리를 증명하는 과정을 설명합니다. 이 책의 아이디어는 자신이 가르치던 수업 도중에 떠올랐습니다. 어느 날, 한 학생이 어떤 개념을 오레오 쿠키를 사용해 설명해 달라고 요청했는데, 첑은 그 학생의 요청대로 했습니다. 첑은 2017년에 〈가디언〉과 한 인터뷰에서 이렇게 설명했습니다. "그것은 켤레화라는 개념이었습니다. A에다 B와 A의 역을 곱하는 것이지요. 그러면 B가 두 A 사이에 샌드위치처럼 끼이는데, 한 A는 다른 A의 역이지요. 쿠키가 이 상황에 완벽하게 들어맞는데, 두 쿠키 사이에 크림이 들어있고, 한 쿠키는 다른 쿠키와 정반대 방향으로 돌아서 있기 때문이지요."[3]

첑은 프랑스 니스와 영국 셰필드의 대학교들에서 강의를 했고, 지금은 셰필드대학교의 순수수학 명예교수로 있습니다. 그리고 시카고미술대학교에서 미술과 학생들에게 수학을 가르칩니다. 학생들을 가르치는 동안 첑은 학생들이 수학의 주제를 자신의 삶과 연관 지을 수 있도록 일화를 즐겨 사용했습니다. 첑은 그 이유를 다음과 같이 설명합니다.

> **나는 모든 사람에게 수학이 재미있고 창의적이며, 단지 정답을 얻는 게 그 목적이 아니라, 탐구와 조사를 위한 것임을 보여주고 싶어요. 수학은 단순히 공식을 외우거나 수와 방정식에 불과한 것이 아니고, 구구단은 실제로는 그렇게 중요한 것이 아니라는 사실을 보여주고 싶어요.**[4]

《파이를 굽는 법》은 큰 인기를 끌어 첑은 많은 강연과 방송 출연 제의를 받았습니다. 2015년에 첑은 〈스티븐 콜버트의 레이트 쇼〉에서 진행자와 밀방망이를 가지고 대결을 펼쳤습니다. '수학과 레고:

아무에게도 들려주지 않은 이야기'라는 강연과 〈스콘에 완벽한 크림의 양에 관해〉와 〈완벽한 피자의 크기에 관해〉라는 논문도 유쾌한 방식으로 수학의 주제들을 다룹니다. 최근에 나온 쳉의 신간 《무한을 넘어서: 수학의 우주, 그 경계를 찾아 떠나는 모험》은 수학 분야에서 가장 난해한 개념들 중 일부를 다룹니다.

전문 피아니스트이기도 한 쳉은 음악을 수학적 사고와 균형을 잡는 데 사용한다고 말합니다. 음악은 감정을 표현하고 탐구하는 반면, 수학은 논리의 언어입니다. 쳉이 전문적으로 연주하는 것은 리트라는 독일 가곡인데, 많은 연주회와 행사에서 가수와 연주자와 함께 공연을 했습니다. 함께 공연한 사람 중에는 아미 라둔스카야(166쪽 참고)도 있었습니다. 쳉은 왕립음악학교 연합회로부터 셰일라 모스먼 기념상을 받았고, 브라이튼 호브 예술위원회로부터 올해의 음악가상을 받았습니다. 쳉은 2013년에 비영리단체 리더스튜브Liederstube, 리트의 방를 시카고에 설립했는데, 이곳에서 사람들은 친밀하고 비공식적인 환경에서 클래식 음악을 연주하고 즐깁니다.

2016년 11월, 요리사가 페이스트리와 민스 사이의 완벽한 균형을 수학적으로 어떻게 결정할 수 있는지 보여주는 공식들 앞에서 첼이 자신의 '완벽한' 민스파이를 먹고 있다.

수학과 음악 사이의 연관성에 대해 강연하는 첼.

무한들의 무한

쳉이 자신의 새 책에서 다루는 주제 중 하나는 19세기에 독일 수학자 게오르크 칸토어가 처음 주장한 다수의 무한 개념이다. 칸토어는 집합론을 발명한 것 외에 기수(수를 세는 데 사용하는 자연수)와 순서수(순서를 나타내는 데 사용하는 자연수)를 포함해 여러 종류의 수를 구분했다. 가장 논란이 된 가설은 초한수 개념인데, 이것은 모든 유한한 수보다는 크지만, 절대적 무한은 아닌 수들을 가리킨다. 직관에 반하는 칸토어의 가설은 그 당시 수학계에 큰 충격을 주었지만, 쳉은 무한의 수수께끼를 설명하는 데 유용한 비유를 발견했다.

어떤 무한은 다른 무한보다 더 크다는 것이 핵심이지만, 내가 가장 좋아하는 표현은 '1 + 무한'은 '무한 + 1'과 다르다는 것입니다. 그것은 '영원 하고도 하루 더(forever and a day)'라는 셰익스피어의 표현과 비슷합니다.('영원 + 하루'는 영원보다 하루가 더 있으니까요.)[5]

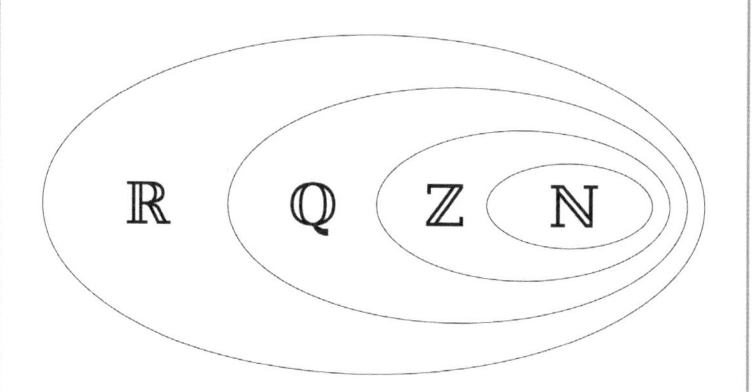

이 다이어그램은 수 체계들의 위계를 보여준다. 자연수(N)는 정수(Z)의 부분집합이고, 정수는 유리수(Q)의 부분집합이며, 유리수는 실수(R)의 부분집합이다.

마리암 미르자하니
Maryam Mirzakhani

1977년 ~ 2017년

필즈상을 최초로 수상한 여성 수학자

나는 사람들이 서로 다른 분야들 사이에 설정한 가상의 경계를 건너길 좋아합니다. 무척 신나는 일이지요.[1]

- 마리암 미르자하니

마리암 미르자하니는 기자에게 "수학의 아름다움을 보려면 에너지와 노력을 어느 정도 쏟아부을 필요가 있어요."[2]라고 말한 적이 있습니다. 미르자하니는 열정과 두려움을 모르는 야심으로 그렇게 했지만, 그 찬란한 불꽃은 너무 일찍 꺼지고 말았습니다.

이란의 테헤란에서 태어난 미르자하니는 이란-이라크 전쟁 기간과 그 여파가 여전히 남아있던 시기에 자랐습니다. 처음에는 작가가 되려고 했는데, 열렬한 독서광이었을 뿐만 아니라 텔레비전에서 방영하는 유명한 여성의 일대기를 좋아했습니다. 중학교 시절에는 수학 실력이 형편없었다고 합니다(적어도 한 교사의 말에 따르면). 한동안 수학은 할 생각도 하지 않았지만, 과학을 좋아하던 오빠의 열정에 전염되고 말았지요.

부모님은 항상 지원과 격려를 아끼지 않으셨어요. 부모님은 우리가 의미 있고 만족스러운 직업을 가지는 걸 중요하게 여겼지만, 성공과 성취에 대해서는 크게 신경 쓰지 않았어요. 많은 점에서 내게 아주 좋은 환경이었어요. 비록 이란-이라크 전쟁 와중의 힘든 시기였지만요. 전반적인 과학에 관심을 갖게 한 사람은 오빠였어요. 오빠는 학교에서 배운 것을 내게 알려주곤 했지요. 수학에 대한 내 첫 기억은 아마도 오빠가 1부터 100까지의 수를 더하는 문제를 이야기했던 순간이었던 것 같아요. 오빠는 가우스가 이 문제를 푼 방법을 과학 잡지에서 읽었을 거예요. 내게는 그 풀이 방법이 너무나도 흥미로웠지요.[3]

미르자하니는 또한 자신에게 지적인 불꽃을 지핀 사람으로 급우였던 로야 베헤슈티를 말합니다.

공통의 관심사를 가지고 계속 동기를 자극하는 친구가 있다는 것은

2014년에 미르자하니에게 수학 부문
최고의 영예를 안겨준 필즈상 메달.

페르시아제국 건국 2500주년을 기념해 세운 테헤란의 아자디타워.
이곳은 1979년 이란혁명 때 시위가 자주 발생한 장소였다.

엘부르즈산맥을 배경으로 한 샤리프공과대학교 풍경.

매우 소중한 축복입니다. 우리 학교는 테헤란에서 서점들이 늘어선 거리에 가까이 있었지요. 우리가 이 혼잡한 거리를 걸어 서점으로 가면서 너무나도 신나했던 기억이 납니다. 우리는 사람들이 이곳 서점에서 대개 그러듯이 책들을 대충 훑어보고 지나갈 수가 없었고, 결국은 이런저런 책을 많이 샀지요.[4]

2008년의 같은 인터뷰에서 미르자하니는 "고등학교 마지막 학년이 될 때까지 수학자가 되겠다고 생각한 적은 한 번도 없었어요."라고 회상했습니다. 미르자하니는 다니던 여자고등학교 교장선생님에게 자신과 베헤슈티가 국제수학올림피아드에 출전할 이란 대표 선발 대회를 위해 수학 문제를 푸는 특별반 수업을 들어도 되느냐고 물었습니다. 두 사람은 국제수학올림피아드 역사상 최초로 본선에 진출한 여성이 되었고, 미르자하니는 1994년에 홍콩에서 열린 대회에서 금메달을 따 전 세계의 주목을 받았습니다.(베헤슈티는 은메달을 땄지요.) 1년 뒤, 미르자하니는 캐나다 토론토에서 열린 대회에서 만점을 받으며 또다시 금메달을 땄습니다. 같은 해에 미르자하니는 이란 최고의 자연과학 명문 대학교인 샤리프공과대학교에 진학해 수학을 공부했습니다. 2008년에 미르자하니는 흥분과 동지애가 넘쳐 나던 대학교 시절의 분위기를 다음과 같이 회상했습니다. "샤리프공과대학교에서는 자극을 주는 수학자와 친구를 많이 만났지요. 수학에 시간을 더 많이 쏟아부을수록 더 큰 흥분을 느꼈어요."[5]

미르자하니는 대학생 시절에 논문을 여러 편 발표했고, 수학 대회에도 계속 참가했습니다. 하지만 1998년에 버스 사고로 하마터면 미르자하니의 잠재력이 영영 사라질 뻔한 일이 있었습니다. 그해 2월, 미르자하니는 다른 엘리트 수학자들과 함께 서부 지역 도시 아바즈에서 열린 대회를 마치고 버스를 타고 돌아가고 있었는데, 그만 버스가 미끄러지면서 골짜기 아래로 추락하고 말았습니다. 상을 탄 수학자 7명과 운전기사 2명이 사망했지만, 미르자하니는 살아남았습니다. 미르자하니는 나중에 더 깊은 공부와 연구를 하기 위해 이란을 떠나 해외로 나갔습니다.

1999년에 과학 학사학위를 받고 졸업한 뒤, 미르자하니는 하버드대학교에 들어갔는데, 그곳에서 1998년 필즈상 수상자인 커티스 맥멀런을 지도교수로 만났습니다. 맥멀런은 미르자하니의 '과감한 상상력'을 다음과 같이 회상했습니다.

미르자하니는 어떻게 해야 하는지 마음속에서 상상의 그림을 만든 뒤, 내 연구실로 찾아와 그것을 설명하곤 했지요. 설명이 끝나면 나를 바라보면서 "이게 맞나요?"라고 물었습니다. 내가 그 답을 알 것이라고 생각하고서 미르자하니가 그렇게 물을 때마다 나는 항상 우쭐한 기분이 들었지요.[6]

단호하고 집요하고 창조적인 연구자였던 미르자하니는 교수들에게 영어로 질문을 하고 모국어인 페르시아어로 필기를 했습니다. 문제를 풀 때에는 바닥 위에 커다란 백지를 펼쳐놓고 그 위에 공식을 곁들인 그림을 그렸습니다. 어린 딸은 그 작업을 '그림을 그리는 것'이라고 말했지요. 미르자하니는 그 과정을 '정글에서 길을 잃은 상황'에 비유했습니다. "알고 있는 모든 지식을 끌어모아 사용하면서 새로운 묘책을 찾으려고 애쓰는데, 거기에 약간의 행운이 따르면 탈출 방법을 찾을 수도 있지요."[7]

미르자하니의 전문 분야는 쌍곡기하학 외에도 모듈라이 공간, 타이히뮐러 이론, 에르고딕 이론, 사교기하학이 있습니다. 미르자하니의 연구는 매우 이론적이지만, 양자장론에 유용한 도움을 주며, 공학과 재료과학에 부차적으로 응용됩니다. 수학 분야 내에서는 소수와 암호학 연구에 응용됩니다.

2004년, 미르자하니는 〈곡선 모듈라이 공간의 쌍곡 표면과 부피의 단순한 측지선〉이라는 논문으로 박사학위를 받았습니다. 대작으로 인정받는 이 연구는 오랫동안 미해결로 남아있던 모듈라이 공간의 부피와 그 측정을 끈 이론string theory[8]에 적용하는 방법에 관한 두 가지 문제를 해결했습니다. 시카고대학교의 수학자 벤슨 파브에 따르면, 한 가지 해결책만 해도 그 자체로 충분히 뉴스가 될 만한 일인데, 미르자하니는 둘을 합쳐서 학위논문으로 완성했고, 여기서 탄생한 논문들은 가장 명성 높은 세 수학 학술지에 실렸습니다. 이 연구는 또한 미르자하니에게 레너드 M.&엘리너 B. 블루먼솔 순수 수학 연구 발전상을 안겨주었습니다.

또한 2004년에 미르자하니는 클레이연구 특별 연구원으로 선정되었고, 프린스턴대학교 수학과 조교수로 임명되었습니다. 특별 연구원이 된 미르자하니는 어려운 문제에 대해 생각하고 여행을 하면서 다른 수학자들과 이런저런 개념을 논의할 수 있는 여유가 생겼는데, 그것은 자신의 작업 방식과 잘 어울렸습니다. 2008년에 한 인터뷰에서 미르자하니는 "나는 생각이 느린 편이어서 생각을 정리해 진전을 이룰 때까지 시간이 많이 걸립니다."라고 말했지요.[9]

2005년, 미르자하니는 프린스턴대학교에서 이론 컴퓨터과학자이자 응용수학자로 일하던 체코 출신의 얀 본드라크와 결혼했습니다. 3년 뒤에 두 사람은 캘리포니아주 팰로앨토로 옮겨 갔고, 미르자하니는 그곳의 스탠퍼드대학교에서 수학과 교수 자리를 얻었습니다. 2011년에는 딸 아나히타가 태어났습니다.

그보다 5년 전에 미르자하니는 물리학자들이 100년 동안 붙잡고 씨름해 온 수학적 난제를 해결하기 위해 시카고대학교에서 알렉스 에스킨과 공동연구를 시작했습니다. 그것은 다각형 당구대에서 돌아다니는 당구공의 궤적을 알아내는 문제였습니다. 그들이 2013년에 발표한 200여 쪽의 논문은 수학 분야에서 "새로운 시대의 시

쌍곡기하학이란 무엇인가?

미르자하니는 구부러진 표면인 쌍곡면의 기하학적, 동역학적 복잡성에 큰 매력을 느꼈다. 쌍곡면은 곡률이 0인 유클리드 표면이나 곡률이 항상 양인 타원면과는 대조적으로 곡률이 항상 음인 표면이다.

타원기하학과 쌍곡기하학은 유클리드의 평행선공준(기본적으로 절대로 교차하지 않는 두 직선을 평행하다고 정의하는)이 성립하지 않기 때문에 '비유클리드기하학'으로 분류된다. 유클리드기하학의 평행선에서는 한 직선의 한 점에서 다른 직선까지 수직으로 그은 선의 길이는 어느 점에서나 똑같다. 하지만 타원기하학에서는 두 직선이 서로를 향해 구부러지면서 다가가고, 쌍곡기하학에서는 두 직선이 구부러지면서 서로에게서 점점 멀어져 간다.

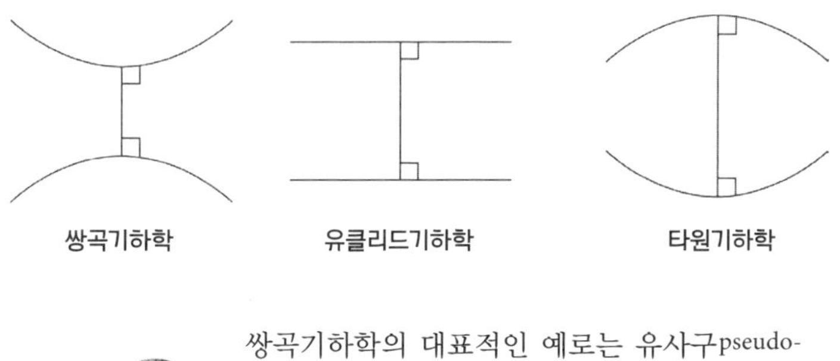

쌍곡기하학의 대표적인 예로는 유사구pseudo-sphere가 있다. 1868년에 이탈리아 수학자 에우제니오 벨트라미가 발견한 유사구의 표면은 항상 $\frac{-1}{R^2}$ (여기서 R은 반지름)이라는 음의 곡률을 가진다.(이것을 반지름이 R이고 항상 $\frac{1}{R^2}$ 이라는 양의 곡률을 가지는 구와 비교해 보라.)

작”[10]을 알리는 것이라는 찬사를 받았습니다. 스탠퍼드대학교 수학자 알렉스 라이트는 “이것은 마치 이전에 우리가 미국삼나무 숲을 손도끼로 벌목하려고 했는데, 지금 그들이 동력톱을 발명한 것과 같습니다.”[11]라고 표현했지요.

1년 뒤인 2014년, 미르자하니는 “리만 표면과 그 모듈라이 공간의 동역학과 기하학에 훌륭한 기여”[12]를 한 공로를 인정받아 필즈상을 수상했습니다. 미르자하니는 필즈상을 수상한 최초의 여성인데, 2022년 우크라이나 출신의 수학자 마리나 비아조프스카가 역사상 두 번째로 필즈상을 수상하기 전까지는 유일한 여성 수상자였습니다. 수상 당시에 위스콘신대학교의 조던 엘렌버그 교수는 미르자하니의 연구를 대중에게 다음과 같이 설명했습니다.

> **미르자하니의 연구는 동역학과 기하학을 대가의 솜씨로 결합합니다. 미르자하니는 많은 것 중에서도 당구를 연구합니다. 하지만 지금은 현대 수학의 특징적인 추세에 따라 그 연구는 메타적 성격을 띱니다. 그러니까 당구대를 하나만 고려하는 게 아니라, 가능한 모든 당구대들로 이루어진 우주를 고려하는 것이지요. 그리고 미르자하니가 연구하는 종류의 동역학은 당구대 위에서 당구공들의 움직임을 직접 다루는 대신에 일정한 규칙에 따라 그 형태가 변하는 당구대 자체의 변환을 다룹니다. 원한다면, 당구대 자체가 가능한 모든 당구대들로 이루어진 우주에서 돌아다니는 기묘한 행성처럼 움직일 수도 있습니다. … 이런 연구로 당구에서 이길 수는 없지만, 필즈상을 탈 수는 있습니다. 그리고 기하학의 중심에 있는 동역학을 드러내려면, 이런 연구를 해야 합니다. 동역학이 거기에 있다는 것은 의문의 여지가 없으니까요.**[13]

미르자하니는 2014년에 〈퀀타 매거진〉과 한 인터뷰에서 어린 시절의 야망을 떠올리면서 수학 연구 과정을 소설을 쓰는 과정과 비교했습니다. "소설에는 서로 다른 인물들이 등장하고, 우리는 소설을 읽어갈수록 그들을 점점 더 잘 알게 되지요. 그렇게 이야기가 흘러가는데, 그러다가 어느 순간에 어떤 인물을 되돌아보면, 처음에 받았던 인상과 아주 다르다는 것을 알아챕니다."[14]

미르자하니는 짧은 생애 동안 필즈상 외에도 많은 영예를 얻었습니다. 2010년에는 인도 하이데라바드에서 열린 세계수학자대회에 '위상수학과 동역학계와 상미분방정식'을 주제로 강연을 해달라고 초대받았습니다. 4년 뒤에는 대한민국 서울에서 열린 2014년 세계수학자대회에서 '임의 쌍곡면의 베유-페터손 부피와 기하학에 관하여'라는 제목으로 강연을 했습니다. 2015년에는 파리과학아카데미와 미국철학회 회원으로, 2016년에는 미국 국립과학원 회원으로, 2017년에는 미국예술과학아카데미 회원으로 선출되었습니다.

하지만 그 이면에서 미르자하니는 건강 문제로 힘든 시기를 보내고 있었습니다. 2013년에 유방암 진단을 받았는데, 2016년에는 암이 간과 뼈로 전이되었습니다. 그러는 동안에도 미르자하니는 수학 연구를 계속했고, 뛰어난 재능과 창의성, 불굴의 의지, 겸손으로 동료들을 감탄케 했습니다. 2017년 7월에 미르자하니가 세상을 떠나자, 전 세계에서 많은 사람들이 수학계의 큰 상실을 슬퍼했습니다. 동료였던 랠프 코언은 이렇게 표현했습니다.

> **미르자하니는 단지 총명하고 두려움을 모르는 연구자였을 뿐만 아니라, 위대한 스승이자 훌륭한 박사과정 지도교수였습니다. 미르자하니는 수학자나 과학자가 어떤 일을 하는 사람인지 몸소 분명히 보여주었습니다. 그것은 바로 이전에 풀리지 않은 문제를 풀려고 시도하거나 이전에 이해되지 못했던 것을 이해하려고**

시도하는 것입니다. 마르자하니는 깊은 지적 호기심 때문에 그렇게 했고, 성공을 거둘 때마다 큰 기쁨과 만족이 따랐지요. 미르자하니는 우리 시대의 가장 위대한 지성 중 한 사람이었고, 아주 경이로운 인물이었습니다.[15]

이란 전 대통령 하산 로하니는 미르자하니의 "유례없는 총명함"을 "영광의 정점을 향해 나아가는 길에서 이란 여성과 젊은이의 위대한 의지를 보여준 전환점"이라고 표현했습니다.[16]

2017년 7월 14일에 미르자하니가 세상을 떠나자, 그다음 날 이란의 여러 신문 1면에 실린 추모 기사. 몇몇 신문은 문화적 금기를 깨고 히잡으로 머리를 가리지 않은 미르자하니의 모습을 실었다.

첼시 월턴
Chelsea Walton

1983년 ~

'새로운 진리'를 찾아서

수학은 신이 우주를 쓰는 데 사용한 알파벳이다.[1]

- <수학 마법 세계의 도널드>

첼시 월턴은 어릴 때부터 수를 사랑했습니다. 퍼즐을 풀고 패턴과 대칭을 갖고 노는 것도 즐겼지요. 이러한 열정은 어머니가 준 어린이 사전에서 A, B, C 등의 수를 모두 센 뒤에 문자들의 빈도표를 만들었을 때 분명히 드러났지요.

미국 미시간주 디트로이트에서 자란 첼시 월턴은 1959년에 제작된 27분짜리 교육용 영화인 〈수학 마법 세계의 도널드Donald in Mathmagic Land〉를 본 것을 생생하게 기억합니다. 아카데미상 후보에도 오른 이 작품은 월턴을 포함해 당시 어린이 세대에게 수학에 대한 열정을 불어넣었지요. 월턴은 수학을 어린이에게 쓸데없이 고생만 시키는 계산으로 보는 대신에 산수를 마치 게임처럼 생각했고, 고등학교 시절에는 새로운 발명품인 인터넷을 사용해 수학 분야의 직업을 조사했지요.

나는 "수학 + 직업"이나 "수학 + 아름다운", "하루 종일 논리 퍼즐을 하면서 돈을 벌 수 있을까?"처럼 찾아야 할 항목들의 목록을 만들면서 AOL의 다이얼 접속 모뎀이 연결되길 기다렸던 기억이 납니다.[2]

순수수학을 하면서 경력을 쌓을 수 있다는 사실을 안 순간, 월턴의 진로가 결정되었습니다. 월턴은 수학 교수들에게 이메일을 보내 그들이 어떤 일을 하고, 어떤 경로를 통해 그 위치에 이르렀는지 등을 물었는데, 그 결과 박사학위를 딸 필요가 있다는 결론을 내렸습니다.

월턴은 미시간주립대학교에 입학하면서 순수수학 분야에서의 여정을 시작했는데, 그곳에서 자신의 멘토가 될 교수를 만났습니다. 진 월드 교수는 수학 중에서 비가환환 이론을 전문적으로 연구했는데, 월턴도 아주 우수한 성적으로 수학 학사학위를 받고 나서 이 이론을 공부했습니다. 월턴은 2007년에 앤아버에 있는 미시간대학교

작가이자 수학자인 찰스 도지슨(필명은 루이스 캐럴)이 쓴 《거울 나라의 앨리스》를 위한 노래책(1921년)에 실린 앨리스와 레드 퀸과 화이트 퀸의 일러스트레이션. 디즈니가 만든 수학교육 단편영화에는 이 이야기에서 나온 주제들이 곳곳에 포함되어 있다.

월턴의 고향인 디트로이트의 스카이라인.

에서 대학원 과정을 시작했는데, 2년을 공부한 뒤 영국 맨체스터대학교에서 토비 스태퍼드 교수를 논문 지도교수로 만나 연구를 완성할 기회를 얻었습니다. 환론 전문가인 캐런 스미스(193쪽 참고)에게서도 도움을 받아 2011년에 〈스클리아닌 대수학의 겹침과 변형에 관하여〉라는 박사학위 논문을 완성해 수학 박사학위를 받았습니다.

2011년부터 2015년까지 월턴은 워싱턴주 시애틀의 워싱턴대학교와 캘리포니아주 버클리의 수리과학연구소, 매사추세츠주 케임브리지의 MIT를 비롯해 명성 높은 여러 곳에서 박사후연구원으로 일했습니다. 2015년, 월턴은 고향인 디트로이트를 떠오르게 하는 활기찬 문화에 이끌려 필라델피아로 가 템플대학교의 셀마 리 블로크 브라운 수학 교수로 일했습니다.

월턴은 대수구조에 관한 연구로 이름을 떨쳤고, 에든버러대학교의 수전 시에라와 협력해 20년이 넘게 풀리지 않은 채 남아있던 환론 분야의 한 추측을 증명했습니다. 양자 대칭, 표현 이론, 호프대수, 나카야마 동형사상을 주제로 한 연구를 인정받아 미국 국립과학재단으로부터도 연구비 지원을 많이 받았습니다. 앨프리드 P. 슬론 재단도 월턴의 업적을 높이 사 2017년에 특별 연구원으로 선정했는데, 명성이 높고 경쟁이 치열한 이 영예는 자기 분야에서 중요한 업적을 세우고 미국과 캐나다에서 차세대 지도자를 대표하는 수학자와 그 밖의 과학자들에게 수여합니다. 슬론 재단의 특별 연구원은 1955년부터 선정하기 시작했는데, 지금까지 수학 부문에서 특별 연구원으로 선정된 아프리카계 미국인은 월턴이 네 번째입니다.

월턴은 학계에서 경력을 쌓고 싶었습니다. 월턴은 2017년에 '수리과학 부문 소수자들의 네트워크'가 운영하는 웹사이트인 '수학적 재능을 가진 흑인(MGB)'에 쓴 프로필에서 자신의 경력을 돌아보면서 다음과 같이 소개했습니다. "나를 학계(산업계가 아니라)로 이끈 원동력은 내가 원하는 생활 방식이었습니다. 나는 정말로 그런 생

수학의 이상한 나라

나무들의 뿌리가 사각형이고 고대 그리스 수학자 피타고라스가 하프로 즉흥연주를 하는 대체 우주에서 도널드 덕이 기묘한 여행을 하는 영화 〈수학 마법 세계의 도널드〉는 1960년대에 아주 많이 시청된 교육용 영화이다. 성질 고약한 도널드 덕은 산탄총을 들고 초현실적인 세계에 들어서는데, 수학을 좋아하는 '지식인'들을 의심스러운 시선으로 바라보고, 수를 재잘거리는 개울과 기하학을 이야기하는 새들을 보면서 당혹감을 감추지 못한다. 하지만 수학과 음악의 연결 관계를 발견하고, 고대의 건축물뿐만 아니라 피튜니아와 왁스플라워에서도 신비한 오각형 별 모양과 황금 직사각형을 보는 순간, 도널드 덕은 도처에 존재하는 수학의 아름다움과 경이에 입을 떡 벌리지 않을 수가 없다. 당구의 '다이아몬드 시스템'에 관련된 계산을 배운 뒤에는 기본적인 기하학 지식이 없이는 탄생이 불가능했던 발명품인 바퀴, 확대경, 용수철, 프로펠러 등에 대해 생각한다. 결국 도널드 덕은 오각형 별 모양의 또 한 가지 독특한 성질에 주목하게 되는데, 한 오각형 별 안에 다시 오각형 별을 그릴 수 있고, 그렇게 계속 무한히 오각형 별을 그려가다 보면 무한히 복잡한 프랙털 모양이 생겨난다는 것이다. 영화가 끝날 무렵, 도널드 덕은 수학이 단순히 지식인만을 위한 것이 아님을 깨닫는다.

이 화려한 색의 퀼트는 1959년의 이 영화에서 언급한, 반복되는 오각형 별 패턴을 나타낸다.

비가환대수란 무엇인가?

곱셈에서는 순서를 바꾸어도 결과에 아무 차이가 없다고 이야기한다. 하지만 월턴이 연구하는 비가환대수 분야에서는 곱셈이 특이한 행동을 보인다. 2017년에 슬론 재단의 특별 연구원으로 선정되었을 때, 월턴은 이를 다음과 같이 설명했다. "즉, $a \times b$가 반드시 $b \times a$와 같지는 않다는 뜻입니다. 이것은 생각보다 자주 일어나는데, 함수는 본질적으로 비가환적이기 때문입니다." 그 요점을 설명하기 위해 월턴은 빨래를 예로 든다.

옷을 빤 다음에 말린 결과는 옷을 말린 다음에 빤 결과와 다릅니다. 혹은 여러 가지 옷을 입는 순서를 생각해 보세요. 순서가 바뀌면 겉모습에 큰 차이가 나지요![3]

실생활에서 비가환성이 작용하는 또 다른 예는 루빅큐브를 풀려고 할 때인데, 제대로 풀려면 블록들을 회전시키는 순서가 아주 중요하기 때문이다. 수학에서 일부 연산은 본질적으로 비가환적이다. 예를 들면, 뺄셈의 경우 1에서 2를 빼는 것과 2에서 1을 빼는 것은 결과가 다르다. 월턴의 전문 분야는 곱셈인데, 곱셈에서 비가환성은 아주 특이한 현상이다.[4]

활 방식을 좋아합니다. 수학 연구는 창조적인 직업이고, 근무시간이 자유롭지요."[5] 월턴은 직속 상사 대신에 동료들에게 보고하는 공동체도 좋아합니다. 그리고 무엇보다도 학계에서는 다양한 문화와 배경을 대표하는 전 세계 각지의 뛰어난 사람들과 접촉할 수 있지요. 이를 월턴은 다음과 같이 이야기합니다.

나 자신을 100% 온전히 유지하면서 아주 다양한 사람들과 진정으로 연결되는 것(함께 논문을 쓰건, 점심을 먹건, 멘토링을 하거나 멘토링을 받건…)은 수학에서 내가 가장 자부하는 성취 중 하나입니다.[6]

월턴은 아직 경력이 얼마 안 되었는데도, 새로운 수학을 배우고 새로운 수학을 만들고 계속 앞으로 나아가는 데 초점을 맞추고 있습니다. 월턴은 일리노이대학교 어배너-샘페인에서 종신 재직권이 보장되는 교수 자리를 얻으려고 계획하고 있는데, 이곳에서 비가환 수학을 계속 연구하고 새로운 세대의 수학자들을 양성하려고 합니다. 월턴은 수학계에서 소수집단을 대표하는 사람들의 수를 늘리려고 헌신하고 있으며, 젊은 여성에게 수학 연구를 경력으로 택하도록 자극하는 프로그램에 참여해 강의를 합니다. 월턴(일리노이주 중부에서 남편과 개 두 마리와 함께 살고 있는)은 총명하고 야심만만한 젊은 여성과 유색인에게 다음과 같은 현명한 조언을 합니다.

자신과 비교할 유일한 사람은 '어제의 자신'입니다. 더 나아지려고 계속 노력하고 자신을 행복하게 만드는 맥락에서 '더 나은 것'이 무엇인지 계속 재정의하세요![7]

일리노이대학교 어배너-샘페인 캠퍼스의 유서 깊은 올트젤드 홀에는 수학과와 수학과 도서관이 있다.

패멀라 해리스
Pamela E. Harris

1983년 ~

수리과학 분야에서 다양성을 증진시키다

수학은 내게 인내심을 가지고, 열심히 노력하고, 어려움에 굴하지 말며, 이 과정에서 나 자신을 너무 심각하게 여기지 말라고 가르쳤습니다.

- 패멀라 해리스

패멀라 해리스는 1학년 때부터 12학년 때까지 두 나라에서 약 열 군데나 되는 학교를 다녔습니다. 어린 시절을 멕시코에서 보낸 뒤, 8세 때 미국 캘리포니아주로 이민을 갔지만, 집안 사정이 무척 어려웠지요. 가족은 잠깐 멕시코로 돌아갔지만, 해리스가 12세 때 다시 미국으로 이주해 위스콘신주에서 살았습니다. 아버지는 해리스의 재능을 일찍부터 알아보고 최선을 다해 해리스가 열심히 공부하도록 지원하고 격려했지요.

해리스는 이렇게 말합니다. "어릴 때 아버지가 점점 더 어려운 나눗셈 문제를 내주었던 게 기억납니다. 아마도 단순히 나를 계속 공부에 몰두하도록 하기 위해서 그랬을 거예요. 하지만 아버지가 우주의 무한한 크기에 관해 들려주신 이야기는 나를 매료시켰고, 수학에 대한 사랑을 계속 이어가게 했지요."

하도 많은 학교를 옮겨 다니다 보니 선생님들은 해리스를 충분히 오래 관찰하지 못해 해리스가 수학에 뛰어난 재능이 있다는 사실을 간파하지 못했습니다. 교사가 되겠다는 목표를 세운 해리스는 고등학교 때 상담교사들을 만나 상의했지만, 그들은 아직 미국 시민권이 없는 해리스에게 대학 교육에 필요한 도움을 줄 준비가 되어있지 않았습니다. 2017년에 한 인터뷰에서 해리스는 그때의 경험을 다음과 같이 설명했습니다.

아버지와 함께 상담교사를 만났던 기억이 지금도 생생합니다. 상담교사는 내가 스페인어와 영어에 모두 유창하니, 그저 지역 전문대학에 진학해 이중언어를 사용하는 비서가 되라고 권했습니다. 그것이 내가 할 수 있는 최선이라고 이야기하더군요. 아버지는 격분하여 상담교사에게 내가 그 학교에 갈 것이며, 거기서 공부를 충분히 잘하여 또 다른 곳으로 가 공부를 계속할 것이라고 말했죠. 하지만 설령 내가 '그저' 이중언어를 사용하는

비서가 된다 하더라도, 나는 최고가 될 것이라고 말하셨어요.

해리스는 납세자 식별 번호를 사용해 현지의 밀워키에이리어전문대학에 응시해 입학했고, 그곳에서 자신의 수학에 대한 사랑을 다시 발견하고는, 대수학, 삼각법, 미적분 1 · 2 · 3 등의 강의를 들었습니다. 해리스는 남편과 결혼해 자신의 이민자 지위를 바꿀 수 있었고, 그 덕분에 마케트대학교로 옮겨 갈 수 있었습니다. 그곳에서 수학 학사과정을 밟으면서 인생을 바꾼 멘토 두 사람을 만났는데, 레베카 샌더스 박사와 그 남편인 빌 롤리 박사였습니다. 두 사람은 그 당시 마케트대학교에 막 고용된 박사들이었습니다. 해리스는 그 경험을 다음과 같이 회상합니다.

샌더스 박사님은 독자 연구 강좌에서 내게 실수 분석을 가르쳤는데, 어느 날 만남에서 내게 던진 한마디가 내 인생을 확 바꾸었지요. 박사님은 그저 "네가 대학원에 가면…"이라고만 말했을 뿐이에요. 그때만 해도 나는 대학원에 대해 전혀 몰랐고, 내가 수학 박사학위를 받는 게 가능한지조차 몰랐지요.

샌더스 박사의 격려에 힘입어 해리스는 대학원에 진학했고, 그것은 해리스의 인생을 돌이킬 수 없게 바꾸어놓았습니다. 하지만 고급 수학 학위를 따는 과정은 매우 고독했습니다. 같은 분야에서 라틴계 동료를 만나거나 비슷한 유산이나 배경을 가진 수학자를 만난 적이 단 한 번도 없었습니다. 이러한 고독에도 불구하고, 해리스는 주어진 수의 물체들을 배열하는 조합의 수와 같이, 서로 다른 것들의 수를 세는 수학 분야인 조합론에 초점을 맞춰 공부를 열심히 해나갔습니다. 해리스는 자신의 연구를 다음과 같이 설명합니다.

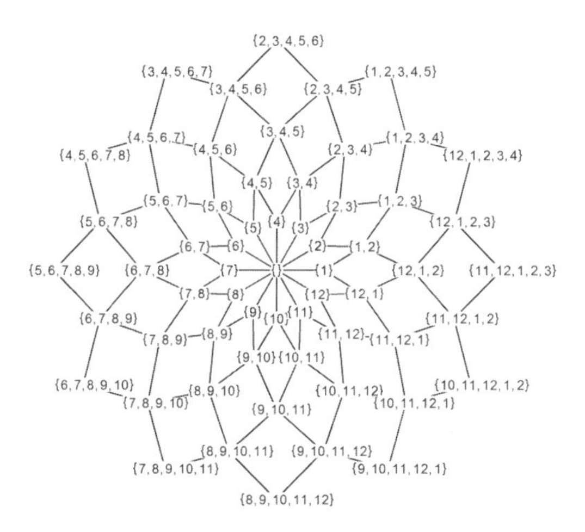

해리스의 박사학위 논문에는
예외적인 리대수 G_2의 무게 0 바일
교대다이어그램과 연관된 이
하세다이어그램이 포함돼 있다.

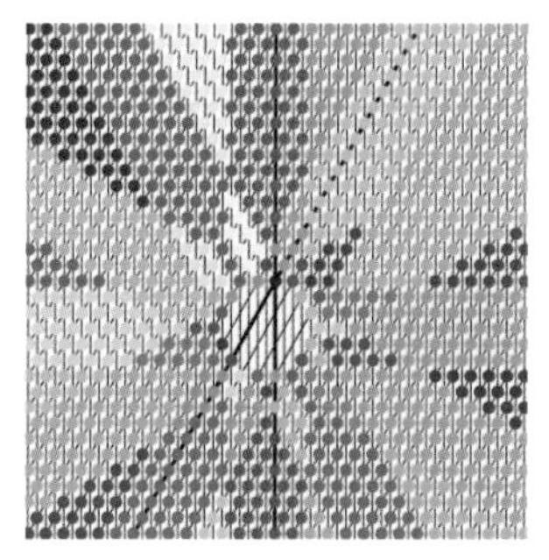

해리스의 박사학위 논문에 실린,
예외적인 리대수 G_2의 무게 0 바일
교대다이어그램.

다음과 같은 조합론 문제를 생각해 봅시다. 양인 정수 n을 양의 정수의 합(순서는 무시하고)으로 나타내는 방법은 몇 가지가 있을까요? 예를 들면, 5는 양의 정수의 합으로 나타내는 방법이 다음과 같이 일곱 가지가 있습니다.

5; 4 + 1; 3 + 2; 3 + 1 + 1; 2 + 2 + 1; 2 + 1 + 1 + 1; 1 + 1 + 1 + 1 + 1

비록 이 과정은 간단하지만, n을 정수의 합으로 분할하는 가짓수를 알려주는 그 분할함수를 결정하는 공식은 몇 세대가 지나도록 발견되지 않다가 최근에 와서야 2011년에 켄 오노와 얀 브루이니어, 아만다 폴섬, 잭 켄트가 발견했습니다. 이들의 공식은 분할의 본질이 프랙털이라는 새롭고 놀라운 발견에 기초하고 있습니다.

해리스는 현재 윌리엄스칼리지의 수학통계학과 조교수로 일하면서 벡터 분할함수를 연구하고 그래프이론 프로젝트를 진행하고 있는데, 이 프로젝트는 미국 국립과학재단과 대학생수학연구지원센터에서 받은 상과 보조금으로 지원을 받았습니다. 해리스는 "내 수학 연구의 영향력은 내가 발견한 코스탄트 분할함수의 값을 구하는 새 조합론 공식들을 통해 볼 수 있습니다. 코스탄트 분할함수는 리대수의 표현 이론과 관련이 있는 특수한 벡터 분할함수이지요."라고 설명합니다. 표현 이론은 대수구조의 원소들을 벡터공간의 선형변환으로 표현하는 수학 분야입니다.

해리스는 또한 수학 연구에 대학생들, 특히 미적분학을 공부한 학생들을 동참시켜 함께 연구하길 좋아합니다. 해리스는 "학생들이 우리가 수학자로서 문제를 다루고 그것을 일반화해 새로운 결과를 얻는 방법을 이해하도록 돕는 일은 내 직업에서 가장 보람 있는 측면 중 하나입니다."라고 말합니다.

대학생은 호기심이 아주 많아 어떤 일이 왜 일어나는지에 대해 적절한 질문을 던집니다. 그러한 젊은이들이 자세한 사례들을 통해 연구하고, 자신의 추측을 뒷받침하는 증거를 찾아내고, 나중에는 필요한 배경을 다 배운 뒤에 자신의 추측을 증명함으로써 표현 이론 같은 분야에 기여를 한다는 것은 아주 놀라운 일입니다.

2012년, 해리스는 과학 부문에서 멕시코계와 라틴아메리카계 미국인과 아메리카 원주민의 발전을 위한 협회(SACNAS)의 전국 대회에 참석했는데, 그것은 해리스의 인생을 바꾸는 경험이 되었습니다. 이제 해리스는 구성원들이 각자 각기 분야에서 지도자가 되도록 서로 밀어주고 도와주는 큰 공동체의 일원이 되었습니다. 해리스는 "내가 전문 분야에서 앞으로 나아가도록 지원해 준 동료들과 멘토들이 주위에 있었다는 게 큰 행운이었습니다."라고 말합니다.

동료들은 라틴계 수학자로서 내 연구가 학계의 벽을 넘어 바깥세상에도 영향을 미쳤으며, 내가 연구와 외부 활동을 통해 수학계에 큰 변화를 가져올 수 있다고 자주 상기시켰어요. 경력 내내 그들의 지원은 아주 소중했고, 그들이 내 편을 들어주어 매우 고맙게 생각합니다. 그들이 없었더라면, 나는 결코 지금 이 자리까지 오지 못했을 것입니다.

해리스는 연구를 하고 학위를 따는 동안 자신이 겪었던 것과 같은 고독을 누구도 느끼길 원치 않습니다. 해리스는 연구에서 발견한 것을 공유하고, SACNAS 전국 대회의 연구 심포지엄과 전문적 기술 개발 회의를 공동으로 조직하기 위해 광범위한 여행(수학자로서 누릴 수 있는 특전 중 해리스가 가장 좋아하는 활동)을 합니다. 해리스는 2012년부터 2013년까지 미국수학협회가 주관한 프로젝트인 '교육의 새로운 경험'(NExT)의 특별 연구원을 지냈고, 미국수학회의 e-멘토링 네트워크 블로그의 편집자로 일하고 있습니다.

해리스의 연구는 소외받는 학생들에게 새로운 연구 기회를 만들어냈는데, 그들이 과학자로서의 자기 정체성을 지지하고 강화하는 데 도움을 주었습니다. 2016년에 해리스는 '수리과학 분야의 라틴계와 히스패닉'(LATHISMS) 웹사이트(www.lathisms.org)의 개발과 제작에 도움을 주었는데, 이것은 수리과학 분야에서 라틴계와 히스패닉계 미국인의 연구와 교육, 멘토링 업적을 주로 소개하는 온라인 플랫폼입니다.

딸 아키라와 함께 있는 해리스. 해리스는 자신이 많은 성취를 이룰 수 있었던 것은 다 지원 시스템 덕분이라고 믿는다.

주석과 더 읽을거리

* 아래에 출처로 기입된 온라인 문서는 추후 주소가 변동되거나 삭제될 수 있습니다.

이 책에 실린 정보의 출처는 인터뷰와 온라인 자료, 책들에 실린 내용입니다. 더 자세히 알고 싶은 사람은 수학과 그 역사에 더 초점을 맞춘 훌륭한 자료가 많이 있으니 참고하기 바랍니다. 예컨대 애그니스스콧칼리지의 여성 수학자 전기 웹사이트(https://www.agnesscott.edu/lriddle/women/women.htm), 스코틀랜드 세인트앤두루스대학교의 맥튜터 수학사 기록 보관소(https://mathshistory.st-andrews.ac.uk), 울프람 매스월드(https://mathworld.wolfram.com) 등이 있습니다. 개인 수학자와 이 분야에서 일어난 최신 연구에 대해 더 알고 싶다면, 〈퀀타 매거진〉(https://www.quantamagazine.org)이 참고하기에 아주 좋은 자료입니다. 또한, NASA 홈페이지(https://www.nasa.gov)에는 여성 공학자와 응용수학자에 관한 정보와 기사가 아주 많으니 참고하기 바랍니다.

일반적인 도서

- Beery, Janet L., Sarah J. Greenwald, Jacqueline A. Jensen-Valin, and Maura B. Mast, eds. *Women in Mathematics: Celebrating the Centennial of the Mathematical Association of America*. Cham, Switzerland: Springer International Publishing, 2017.
- Case, Bettye Anne and Anne M. Leggett, eds. *Complexities: Women in Mathematics*. Princeton, New Jersey: Princeton University Press, 2005.
- Henrion, Claudia. *Women in Mathematics: The Addition of Difference*. Bloomington, Indiana: Indiana University Press, 1997.
- Shetterly, Margot L. *Hidden Figures: The American Dream and the Untold Story of the Black Women Who Helped Win the Space Race*. New York: William Morrow, 2016.

PART 1

1. Ann Phillips (ed.), *A Newnham Anthology* (Cambridge, U.K.: Cambridge University Press, 1979): 33–34.

왕정의

이 장의 내용은 다음을 참고했습니다.

Wang, Tianya, Conference paper delivered at the University of California Berkeley, April, 2017.

1. Gabriella Bernardi, "Wang Zhenyi(1768–1797)" in *Female Astronomers and Scientists before Caroline Herschel* (Cham, Switzerland: Springer Praxis Books, 2016). https://doi.org/10.1007/978-3-319-26127-0_23
2. 위와 같음.

3. "Wang Zhenyi: Astronomer, Mathematician, and Poet," April Magazine, August 22, 2017. http://www.aprilmag.com/2017/08/22/wang-zhenyi-astronomer-mathematician-and-poet/
4. "Wang Zhenyi," Lunar and Planetary Institute of the Universities Space Research Association. https://www.lpi.usra.edu/resources/vc/vcinfo/?refnum=262
5. Bernardi, "Wang Zhenyi(1768–1797)".

소피 제르맹

1. Nick Mackinnon, "Sophie Germain, or, Was Gauss a feminist?" *The Mathematical Gazette* 74, no. 470 (Dec. 1990): 346–351.
2. 'mod *P*'는 카를 프리드리히 가우스가 개발한 모듈러 산술을 가리킨다. 모듈러 산술에서는 정수들이 모듈러스modulus(이 경우에는 *P*)라 부르는 어떤 값에 이른 다음에는 다시 처음부터 시작한다. 예를 들면, 12시간을 바탕으로 한 표준적인 시계에서는 12가 모듈러스인데, 시침이 시계 꼭대기에 있는 12(정오나 자정을 나타내는)에 이른 다음에는 다시 1 p.m.이나 1 a.m.에서 시작한다.
3. Andrea Del Centina, "Unpublished manuscripts of Sophie Germain and a revaluation of her work on Fermat's Last Theorem," *Archive for History of Exact Sciences* 62, no. 4 (July 2008): 349–392.
4. 영국 수학자 앤드루 와일스는 페르마의 마지막 정리를 증명한 사람으로 인정받고 있다. 최종 형태의 완전한 증명은 〈모듈러 타원곡선과 페르마의 마지막 정리〉라는 제목으로 1995년 5월에 〈수학 연보〉에 발표되었다. 전체 탐구 과정과 논란에 관한 간략한 설명은 에릭 W. 웨이스타인이 울프람 매스월드에 쓴 "페르마의 마지막 정리"를 보라. http://mathworld.wolfram.com/FermatsLastTheorem.html
5. Arthur Engel, *Problem-Solving Strategies* (New York: Springer Verlag, 1998), 121.

소피 제르맹에 관해 더 자세한 정보는 다음을 참고하세요.

- Laubenbacher, Reinhard and David Pengelley. *Mathematical Expeditions: Chronicles by the Explorers*. New York: Springer-Verlag, 1999.
- Laubenbacher, Reinhard and David Pengelley. "Voici ce que j'ai trouvé": Sophie Germain's grand plan to prove Fermat's Last Theorem." Preprint for *Historia Mathematica*, January 24, 2010. https://www.math.nmsu.edu/~davidp/germain06-ed.pdf
- Laubenbacher, Reinhard and David Pengelley. "'Voici ce que j'ai trouvé': Sophie Germain's Grand Plan to Prove Fermat's Last Theorem." Teaching with Original Historical Sources in Mathematics. New Mexico State University. 2010. http://emmy.nmsu.edu/~history/germain.html
- Noyce' Pendred. *Remarkable Minds*. Boston: Tumblehome Learning, 2016: 40–47.
- O'Connor, J.J. and E.F. Robertson. "Marie-Sophie Germain." School of Mathematics and Statistics, University of St Andrews, Scotland. https://mathshistory.st-andrews.ac.uk/Biographies/Germain/
- Riddle, Larry. "Sophie Germain." Biographies of Women Mathematicians. Agnes Scott College. Last modified February 25, 2016. https://www.agnesscott.edu/lriddle/women/germain.htm
- Singh, Simon. "Math's Hidden Women." NOVA, PBS, October 28, 1997. https://www.pbs.org/wgbh/nova/physics/sophie-germain.html

소피야 코발렙스카야

1. "Letter to Madame Schabelskoy" in *Sónya Kovalévsky: Her Recollections of Childhood,* trans. Isabel F. Hangood (New York: The Century Co., 1895).
2. 코발렙스카야는 1883년에 스톡홀름에 도착한 후에는 '소냐 코발렙스키'라는 이름을 사용했다.
3. "Letter to Madame Schabelskoy" in *Sónya Kovalévsky: Her Recollections of Childhood,* trans. Isabel F. Hangood (New York: The Century Co., 1895).
4. 위와 같음.

소피야 코발렙스카야에 관해 더 자세한 정보는 다음을 참고하세요.

- Burslem, Tom. "Sofia Vasilevna Kovalevskaya." School of Mathematics and Statistics, University of St Andrews, Scotland. https://mathshistory.st-andrews.ac.uk/Biographies/Kovalevskaya/
- Kblitz, Ann Hibner. *A Convergence of Lives: Sofia Kovalevskaia: Scientist, Writer, Revolutionary.* New Brunswick, N.J.: Rutgers University Press, 1993.
- Lindenberg, Katja. "Sofia." University of California, San Diego. http://hypatia.ucsd.edu/~kl/kovalevskaya.html
- "Mathematician Sofia Kovalevskaya – her life and legacy." h2g2 The Hitchhiker's Guide to the Galaxy: Earth Edition, August 16, 2009. Last modified September 23, 2009. https://h2g2.com/entry/A55840692
- "Mathematics opens up a new, wonderful world." Annette Vogt, interviewed by Beate Koch. Max-Planck- Gesellschaft. March 18, 2017. https://www.mpg.de/female-pioneers-of-science/sofia-kovalevskaya
- Meares, Kimberly A. "The Works of Sonya Kovalevskaya." http://www.pdmi.ras.ru/EIMI/2000/sofia/SKpaper.html
- Noyce, Pendred. *Magnificent Minds.* Boston: Tumblehome Learning, 2016: 64-71.
- O'Connor, J.J. and E.F. Robertson. "Sofia Vasilyevna Kovalevskaya." School of Mathematics and Statistics, University of St Andrews, Scotland. http://www-history.mcs.st-and.ac.uk/Biographies/Kovalevskaya.html
- Pickover, Clifford A. *The Math Book.* New York: Sterling, 2009: 260.
- Rappaport, Karen D. "S. Kovalevsky: A Mathematical Lesson." *The American Mathematical Monthly 88* (October 1981): 564-573.
- Riddle, Larry. "Sofia Kovalevskaya." Biographies of Women Mathematicians. Agnes Scott College. Last modified February 25, 2016. https://www.agnesscott.edu/lriddle/women/kova.htm

위니프리드 에저턴 메릴

1. Larry Riddle, "Winifred Edgerton Merrill," Biographies of Women Mathematicians, Agnes Scott College, last modified February 25, 2016. https://www.agnesscott.edu/lriddle/women/merrill.htm
2. Bronwyn Knox, "She Opened The Door," The Low Down, Columbia University, last modified November 16, 2017. http://thelowdown.alumni.columbia.edu/she_opened_the_door
3. Susan E. Kelly and Sarah A. Rozner, "Winifred Edgerton Merrill: 'She Opened the Door,'"

Notices of the AMS 59, no. 4 (April 2014): 504 - 512. http://dx.doi.org/10.1090/noti818
4. 위와 같음.
5. 위와 같음.
6. W.C. Winlock, "The Pons-Brooks Comet," *Science 3*, no. 50 (January 18, 1884), 67 - 69. http://science.sciencemag.org/content/ns-3/50/67
7. Elizabeth Roemer, "Jean Louis Pons, Discoverer of Comets," *Astronomical Society of the Pacific Leaflets* 8, no. 371 (May 1960): 159 - 166. http://adsabs.harvard.edu/full/1960ASPL....8..159R
8. Kelly, "Winifred Edgerton Merrill: 'She Opened the Door."
9. 위와 같음.

위니프리드 에저턴 메릴에 관해 더 자세한 정보는 다음을 참고하세요.

- Sawyer Hogg, Helen. "Out of Old Books." Journal of the Royal *Astronomical Society of Canada* 48, no. 2, 74 (April 1954): 74 - 76. http://adsabs.harvard.edu/full/1954JRASC..48...74S

에미 뇌터

1. Albert Einstein, "Professor Einstein Writes in Appreciation of a Fellow-Mathematician," *The New York Times* (May 5, 1935).
2. 군과 환, 장, 모듈, 벡터공간, 대수(즉, 이중 선형 곱을 포함하는 벡터공간)를 포함한 대수구조를 연구하는 분야.
3. August Dick, *Emmy Noether 1882-1935* (Boston: Birkhiiuser Boston, 1981).
4. Natalie Angier, "The Mighty Mathematician You've Never Heard Of," *The New York Times* (March 26, 2012).
5. Leon M. Lederman and Christopher T. Hill, *Symmetry and the Beautiful Universe* (Amherst, New York: Prometheus Books, 2004).
6. 위와 같음.
7. 연산의 순서가 결과에 영향을 미치는 대수구조의 한 종류.
8. M.F. Atiyah and I.G. MacDonald, *Introduction to Commutative Algebra* (Reading, Massachusetts: Westview Press, 1969).
9. Peter Roquette, *Emmy Noether and Hermann Weyl* (January 28, 2008). https://www.mathi.uni-heidelberg.de/~roquette/weyl+noether.pdf
10. 위와 같음.

에미 뇌터에 관해 더 자세한 정보는 다음을 참고하세요.

- Aczel, Amir. *A Strange Wilderness.* New York: Sterling 2012.
- Brewer, James W and Marth K. Smith, eds. Emmy Noether: *A Tribute to Her Life and Work*. New York: Marcel Dekker, 1981.
- "Emmy Noether Biography." TheFamousPeople.com. Last modified November 14, 2017. https://www.thefamouspeople.com/profiles/emmy-noether-507.php
- Noyce, Pendred. Magnificent Minds. Boston: Tumblehome Learning, 2016: 94 - 99.
- O'Connor, J.J. and E.F. Robertson. "Emmy Amalie Noether." School of Mathematics and Statistics, University of St Andrews, Scotland. http://www-history.mcs.st-and.ac.uk/

Biographies/Noether_Emmy.html
- Pickover, Clifford A. *The Math Book*. New York: Sterling, 2009: 342.
- Taylor, Peter. "Emmy Noether (1882–1935)." Australian Mathematics Trust. March 1999. http://www.amt.edu.au/biognoether.html

유피미아 헤인스

1. Euphemia Haynes, "Significance of Mathematics in the War and the Post–War World," *The Journal of the College Alumnae Club*, October 1943 (Box 40, Folder 1), Haynes Lofton Family Papers, The Catholic University of America, Washington, D.C.

유피미아 헤인스에 관해 더 자세한 정보는 다음을 참고하세요.

- Kelly, Susan E., Carly Shinners, and Katherine Zoroufy. "Euphemia Lofton Haynes: Bringing Education Closer to the 'Goal of Perfection.'" March 2, 2017. https://arxiv.org/pdf/1703.00944.pdf
- Kelly Susan E., Carly Shinners, and Katherine Zoroufy. "Euphemia Lofton Haynes: Bringing Education Closer to the 'Goal of Perfection.'" *Notices of the AMS 64*, no. 9 (October 2017). http://dx.doi.org/10.1090/noti1579
- Pitts, Vanessa. "Haynes, Martha Euphemia Lofton (1890–1980)." BlackPast.org. http://www.blackpast.org/aah/haynes–martha–euphemia–lofton–1890–1980
- Williams, Scott W. "Martha Euphemia Lofton Haynes." Black Women in Mathematics. Mathematics Department, State University of New York, Buffalo. Last modified July 1, 2001. http://www.math.buffalo.edu/mad/PEEPS/haynes.euphemia.lofton.html

PART 2

그레이스 호퍼

1. 그레이스 호퍼가 배서칼리지에서 새로운 컴퓨터 센터 건립과 IBM 360 컴퓨터 설치를 기념해 '컴퓨터와 여러분의 미래'라는 제목으로 기조연설을 했을 때, 배서칼리지의 〈이런저런 소식〉 1967년 9월 29일자에 보도된 내용. https://www.vassar.edu/chronology/records/1967/1967–09–29–ibm–computers.html
2. "USS Hopper," Pacific Fleet Surface Ships, U.S. Navy. https://www.seaforces.org/usnships/ddg/DDG–70–USS–Hopper.htm
3. Kathleen Williams, "Improbable Warriors: Mathematicians Grace Hopper and Mina Rees in World War II," in *Mathematics and War*, eds. Bernhelm Booß–Bavnbek and Jens Høyrup (Basel: Springer Birkhäuser, 2003): 117. https://doi.org/10.1007/978–3–0348–8093–0_5
4. "Grace Murray Hopper," Grace Hopper Celebration of Women in Computing 1994 Conference Proceedings. http://www.cs.yale.edu/homes/tap/Files/hopper–story.html

그레이스 호퍼에 관해 더 자세한 정보는 다음을 참고하세요.

- "IBM's ASCC Introduction." IBM. https://www–03.ibm.com/ibm/history/exhibits/markI/

markI_intro.html
- Norman, Rebecca. "Grace Murray Hopper." Biographies of Women Mathematicians. Agnes Scott College. Last modified February 25, 2016. https://mathwomen.agnesscott.org/women/hopper.htm
- O'Connor, J.J. and E.F. Robertson. "Grace Brewster Murray Hopper." School of Mathematics and Statistics, University of St Andrews, Scotland. http://www-history.mcs.st-andrews.ac.uk/Biographies/Hopper.html
- Office of Public Affairs & Communications. "Grace Murray Hopper (1906 - 1992): A legacy of innovation and service." Yale News, Yale University. February 10, 2017. https://news.yale.edu/2017/02/10/grace-murray-hopper-1906-1992-legacy-innovation-and-service
- Vassar Historian. "Grace Murray Hopper." Vassar Encyclopedia, Vassar College. Last modified 2013. http://vcencyclopedia.vassar.edu/alumni/grace-murray-hopper.html
- Vassar Historian. "September 29, 1967." A Documentary Chronicle of Vassar College, Vassar College. https://chronology.vassar.edu/records/1967/1967-09-29-ibm-computers.html

메리 골다 로스

1. "The Cherokee Nation Remembers Mary Golda Ross, the First Woman Engineer for Lockheed," Cherokee Nation News Release, Cherokee Nation Director of Communications (May 13, 2008). http://www.cherokee.org/News/Stories/23649
2. Laurel M. Sheppard, "An Interview with Mary Ross," Portfolio: Profiles & Biographies, Lash Publications International. http://www.nn.net/lash/maryross.htm
3. 위와 같음.
4. Sandberg, Ariel. "Remembering Mary Golda Ross." The Michigan Engineer News Center, June 4, 2017. http://www.nn.net/lash/maryross.htm
5. "Skunk Works® Origin Story," Lockheed Martin. https://www.lockheedmartin.com/us/aeronautics/skunkworks/origin.html
6. Laurel M. Sheppard, "An Interview with Mary Ross," Portfolio: Profiles & Biographies, Lash Publications International. http://www.nn.net/lash/maryross.htm

메리 골다 로스에 관해 더 자세한 정보는 다음을 참고하세요.

- Blakemore, Erin. "This Little-Known Math Genius Helped America Reach the Stars." Smithsonian.com, March 29, 2017. http://www.smithsonianmag.com/smithsonian-institution/ little-known-math-genius-helped-america-reach-stars-180962700/
- Briggs, Kara. "Mary G. Ross blazed a trail in the sky as a woman engineer in the space race, celebrated museum." National Museum of the American Indian, October 7, 2009. http://blog.nmai.si.edu/main/2009/10/mary-g-ross-blazed-a-trail-in-the-sky-as-a-woman-engineer-in-the-space-race-celebrated-museum-.html
- "Feature Detail Report for: Park Hill." Geographic Names Information System. USGS. https://geonames.usgs.gov/apex/f?p=gnispq:3:0::NO::P3_FID:1096432
- "Learning with the Times: Tough to intercept ballistic missiles." The Times of India, December 6, 2010. https://timesofindia.indiatimes.com/india/Learning-with-the-Times-

Tough-to-intercept-ballistic-missiles/articleshow/7050349.cms
- "Mary G. Ross." San Jose Mercury News, May 6, 2008. http://www.legacy.com/obituaries/mercurynews/obituary.aspx?pid=109118876
- "Mary G. Ross." YourDictionary. http://biography.yourdictionary.com/mary-g-ross
- "Ms. Mary G. Ross." Hall of Fame Members. Silicon Valley Engineering Council. http://svec.herokuapp.com/hall-of-fame
- Ouimette-Kinney, Mary. "Mary G. Ross." Biographies of Women Mathematicians. Agnes Scott College. Last modified July 10, 2016. https://www.agnesscott.edu/lriddle/women/maryross.htm
- Sandberg, Ariel. "Remembering Mary Golda Ross." The Michigan Engineer News Center, June 14, 2017. http://www.nn.net/lash/maryross.htm
- Scott, Jeff. "Bombs, Rockets & Missiles." Aerospaceweb.org, January 16, 2005. http://www.aerospaceweb.org/question/weapons/q0211.shtml
- Toomey, David F. "Can This P-38 Be Saved?" *Air & Space Magazine*, November 2009. https:// www.airspacemag.com/history-of-flight/can-this-p-38-be-saved-137693818/
- What's My Line? *"What's My Line?* – Andy Griffith; Jack Lemmon [panel] (Jun 22, 1958)." YouTube, February 8, 2014. https://www.youtube.com/watch?v=vFlvpMf-dIo
- Williams, Jasmin K. "Mary Golda Ross: The first Native American female engineer." *New York Amsterdam News*, March 21, 2013. http://amsterdamnews.com/news/2013/mar/21/mary-golda-ross-the-first-native-american-female/

도러시 존슨 본

1. Carson Reeher, "From Moton to NASA," *The Farmville Herald*, January 12, 2017. http://www.farmvilleherald.com/2017/01/from-moton-to-nasa/
2. Margot Shetterly, *Hidden Figures: The American Dream and the Untold Story of the Black Women Mathematicians Who Helped Win the Space Race* (New York: William Morrow, 2016).
3. 위와 같음.
4. Beverly E. Golemba, *Human Computers: The Women in Aeronautical Research* (Unpublished manuscript: NASA Langley Archives, 1994). https://crgis.ndc.nasa.gov/crgis/images/c/c7/Golemba.pdf

도러시 존슨 본에 관해 더 자세한 정보는 다음을 참고하세요.

- "Dorothy Johnson Vaughan." Biography.com. Last modified November 14, 2016. https://www.biography.com/people/dorothy-johnson-vaughan-111416
- "Dorothy Vaughan." The Gallery of Heroes. http://thegalleryofheroes.com/topic/Dorothy-Vaughan
- "Scout Launch Vehicle Program." Langley Research Center, National Aeronautics and Space Administration. https://www.nasa.gov/centers/langley/news/factsheets/Scout.html
- Shetterly, Margot Lee. "Katherine Johnson Biography." From Hidden to Modern Figures, National Aeronautics and Space Administration. Last modified August 3, 2017. https://www.nasa.gov/content/dorothy-vaughan-biography

캐서린 존슨

1. Margot Lee Shetterly, "Katherine Johnson Biography," From Hidden to Modern Figures, National Aeronautics and Space Administration, last modified August 3, 2017. https://www.nasa.gov/content/katherine-johnson-biography
2. Margot Shetterly, *Hidden Figures: The American Dream and the Untold Story of the Black Women Mathematicians Who Helped Win the Space Race* (New York: William Morrow, 2016).
3. Heather S. Deiss/NASA Educational Technology Services, "Katherine Johnson: A Lifetime of STEM," NASA Langley, National Aeronautics and Space Administration, November 6, 2013, last modified August 7, 2017. https://www.nasa.gov/audience/foreducators/a-life-time-of-stem.html
4. Wini Warren, *Black Women Scientists in the United States* (Bloomington, Indiana: Indiana University Press, 2000).
5. C-SPAN, "Katherine Johnson receives the Medal of Freedom," November 24, 2015.
6. Mark Bloom, "Apollo 13 Astronauts Return After Deep Space Crisis in 1970," *New York Daily News*, April 18, 1970. http://www.nydailynews.com/news/national/apollo-13-as-tronauts-return-deep-space-crisis-1970-article-1.2177667
7. Charles Bolden, "Katherine Johnson, the NASA Mathematician Who Advanced Human Rights with a Slide Rule and Pencil," *Vanity Fair*, September 2016. https://www.vanityfair.com/culture/2016/08/katherine-johnson-the-nasa-mathematician-who-advanced-human-rights

캐서린 존슨에 관해 더 자세한 정보는 다음을 참고하세요.

- "Apollo 13." Apollo 13, National Aeronautics and Space Administration, July 8, 2009. Last modified August 7, 2017. https://www.nasa.gov/mission_pages/apollo/missions/apollo13.html
- "Apollo 13 (AS-508)." The Apollo Program, Smithsonian National Air and Space Museum. https://airandspace.si.edu/explore-and-learn/topics/apollo/apollo-program/landing-missions/apollo13.cfm
- Bartels, Meghan. "The unbelievable life of the forgotten genius who turned Americans' space dreams into reality." *Business Insider*, August 22, 2016. http://www.businessinsider.com/katherine-johnson-hidden-figures-nasa-human-computers-2016-8
- Cellania, Miss. "Forty Years Ago: Apollo 13." Mental Floss, April 13, 2010. http://mentalfloss.com/article/24441/forty-years-ago-apollo-13
- Gambino, Lauren. "NASA facility honors African American woman who plotted key space missions." *The Guardian*, September 22, 2017. https://www.theguardian.com/science/2017/sep/22/hidden-figures-mathematician-katherine-johnson-nasa-facility-open
- Lewin, Sarah. "NASA Langley's Katherine G. Johnson Computational Research Facility Opens." Space.com, September 25, 2017. https://www.space.com/38261-nasa-katherine-johnson-computational-facility-opens.html
- "Thomas O. Paine." National Aeronautics and Space Administration. Last modified October 22, 2004. https://history.nasa.gov/Biographies/paine.html

• White House, The: Office of the Press Secretary. "Remarks by the President at the Congressional Black Caucus 45th Annual Phoenix Awards Dinner." September 20, 2015. https://obamawhitehouse.archives.gov/the-press-office/2015/09/21/remarks-president-congressional-black-caucus-45th-annual-phoenix-awards

메리 윈스턴 잭슨

1. Richard Stradling, "Retired Engineer Remembers Segregated Langley," Daily Press, February 08, 1998. http://articles.dailypress.com/1998-02-08/news/9802080064_1_hampton-institute-aeronautical-engineer-cafeteria
2. 위와 같음.
3. "Traditions," Girl Scouts of the United States of America. http://www.girlscouts.org/en/about-girl-scouts/traditions.html
4. "History," Hampton University. http://www.hamptonu.edu/about/history.cfm
5. Margot Lee Shetterly, "Mary Jackson Biography," From Hidden to Modern Figures, National Aeronautics and Space Administration, last modified August 3, 2017. https://www.nasa.gov/content/mary-jackson-biography
6. "Mary W. Jackson Federal Women's Program Coordinator," Internal Memo, Langley Research Center, National Aeronautics and Space Administration, October 1979. https://crgis.ndc.nasa.gov/crgis/images/9/96/MaryJackson1.pdf

메리 윈스턴 잭슨에 관해 더 자세한 정보는 다음을 참고하세요.

• Czarnecki, K. R. and Mary W. Jackson. *Effects of Nose Angle and Mach Number on Transition on Cones at Supersonic Speeds.* National Advisory Committee for Aeronautics, Technical Note 4388. https://ntrs.nasa.gov/archive/nasa/casi.ntrs.nasa.gov/19930085290.pdf
• "George P. Phenix High School Story, The." George P. Phenix High School. https://www.phenixhighstory.org/school-background/
• "Isentropic Flow." Glenn Research Center, National Aeronautics and Space Administration. https://www. grc.nasa.gov/www/k-12/airplane/isentrop.html
• "Mary Jackson." The Gallery of Heroes. http://thegalleryofheroes.com/topic/Mary-Jackson.
• "Mary Winston Jackson." Daily Press via Legacy.com, February 16, 2005. http://www.legacy.com/obituaries/dailypress/obituary.aspx?pid=3163015
• Momodu, Samuel. "Jackson, Mary Winston (1921 - 2005)." Blackpast.org. http://www.blackpast.org/aah/jackson-mary-winston-1921-2005

샤쿤탈라 데비

1. "Shakuntala Devi," Obituaries, *The Telegraph*, April 22, 2013. http://www.telegraph.co.uk/news/obituaries/10011281/Shakuntala-Devi.html
2. Haresh Pandya, "Shakuntala Devi, 'Human Computer' Who Bested the Machines, Dies at 83," *The New York Times,* April 23, 2013. http://www.nytimes.com/2013/04/24/world/asia/shakuntala-devi-human-computer-dies-in-india-at-83.html
3. "Shakuntala Devi," Obituaries, The Telegraph.

4. Chloe Albanesius, "Shakuntala Devi, the 'Human Computer,' gets Google Doodle, " *PC Magazine*, November 4, 2013

샤쿤탈라 데비에 관해 더 자세한 정보는 다음을 참고하세요.

- Eveleth, Rose. "Math Prodigy Shakuntala Devi, 'The Human Computer,' Dies at 83." Smithsonian. com, April 23, 2013. https://www.smithsonianmag.com/smart-news/math-prodigy-shakuntala-devi-the-human-computer-dies-at-83-38972900/
- Jones, Maggie. "Shakuntala Devi." The Lives They Lived, *The New York Times Magazine*. https://www.nytimes.com/news/the-lives-they-lived/2013/12/21/shakuntala-devi/
- MaxMediaAsia. "India's Human Computer Shakuntala Devi." YouTube, March 24, 2013. https://www.youtube.com/watch?v=l0fXPzcbmPk
- Tiwari, Shewali. " 'Here's Everything You Need to Know About the 'Human Computer,' Shakuntala Devi." *India Times*, April 21, 2017. https://www.indiatimes.com/news/india/here-s-everything-you-need-to-know-about-the-human-computer-shakuntala-devi-276144.html
- "World's Fastest 'Human Computer' Maths Genius Dies, Aged 83 in India." *The Daily Mail*, April 22, 2013. http://www.dailymail.co.uk/news/article-2312987/Human-dies-Shakuntala-Devi- Indian-maths-genius-dead-83.html

애니 이즐리

1. "Annie J. Easley, interviewed by Sandra Johnson," NASA Headquarters Oral History Project: Edited Oral History Transcript, August 21, 2001, last modified July 16, 2010. https://historycollection.jsc.nasa.gov/JSCHistoryPortal/history/oral_histories/oral_histories.htm
2. 위와 같음.
3. 위와 같음.
4. 위와 같음.

애니 이즐리에 관해 더 자세한 정보는 다음을 참고하세요.

- Lee, Nicole. "Annie Easley helped make modern spaceflight possible." Engadget.com. February 13, 2015. https://www.engadget.com/2015/02/13/annie-easley/
- Mills, Anne K. "Annie Easley, Computer Scientist." National Aeronautics and Space Administration. September 21, 2015, last modified August 7, 2017. https://www.nasa.gov/feature/annie-easley-computer-scientist

마거릿 해밀턴

1. A.J.S. Rayl, "NASA Engineers and Scientists-Transforming Dreams Into Reality," *50th Magazine, National Aeronautics and Space Administration*, last modified October 16, 2008. https://www.nasa.gov/50th/50th_magazine/scientists.html
2. 위와 같음.

마거릿 해밀턴에 관해 더 자세한 정보는 다음을 참고하세요.

- Kingma, Luke and Jolene Creighton. "Margaret Hamilton: The Untold Story of the Woman

Who Took Us to the Moon." Futurism. July 20, 2016. Last modified November 19, 2016. https://futurism.com/margaret-hamilton-the-untold-story-of-the-woman-who-took-us-to-the-moon/

- Russo, Nicholas P. "Margaret Hamilton, Apollo Software Engineer, Awarded Presidential Medal of Freedom." NASA History, National Aeronautics and Space Administration. November 22, 2016. Last modified August 6, 2017. https://www.nasa.gov/feature/margaret-hamilton-apollo-software-engineer-awarded-presidential-medal-of-freedom

PART 3

1. Hillary Fennell, "This much I know: Aoibhinn Ní Shúilleabháin," *Irish Examiner*, November 5, 2016. http://www.irishexaminer.com/lifestyle/features/this-much-i-know-aoibhinn-ni-shuilleabhain-428996.html
2. Helena Kaschel, "Don't call me a prodigy: the rising stars of European mathematics," *Deutsche Welle* dw.com, July 23, 2016. http://www.dw.com/en/dont-call-me-a-prodigy-therising-stars-of-european-mathematics/a-19421389
3. 7th European Congress of Mathematics, "Laureates," July 18–22, 2016. http://euro-math-soc.eu/system/files/news/Druck%20-%20pp_3657_Broschuere%20-%207ECM.pdf
4. Kenschaft, Patricia Clark, *Change is Possible: Stories of Women and Minorities in Mathematics* (Providence, Rhode Island: American Mathematical Society, 2005).
5. Mary Beth Ruskai, "Gray Receives AAAS Mentor Award," *Notices of the American Mathematical Society* 42, no. 4 (April 1995): 466.
6. "Lectures," Association for Women in Mathematics. https://sites.google.com/site/awmmath/programs/lectures

실비아 보즈먼

1. Abigail Meisel, "Math Master: Sylvia T. Bozeman, MA'70, Honored with National Medal of Science Committee Appointment," *Vanderbilt Magazine*, Vanderbilt University, November 20, 2016. https://news.vanderbilt.edu/2016/11/20/math-master-sylvia-t-bozeman-ma70-honored-with-national-medal-of-science-committee-appointment/
2. "Sylvia Bozeman," Mathematically Gifted and Black, February 7, 2017. http://www.mathematicallygiftedandblack.com/profiles/February_7.html
3. Peggy Mihelich, "Women in mathematics: Professor Sylvia Bozeman," American Association for the Advancement of Science, December 13, 2010, last modified August 1, 2016. https://www.aaas.org/blog/member-spotlight/women-mathematics-professor-sylvia-bozeman
4. "Sylvia Bozeman," Mathematically Gifted and Black.
5. Meisel, "Math Master."
6. "Sylvia Bozeman," Mathematically Gifted and Black.
7. "Sylvia Bozeman," Mathematically Gifted and Black.

실비아 보즈먼에 관해 더 자세한 정보는 다음을 참고하세요.

- Bozeman, Sylvia, Rhonda Hughes, and Ami Radunskaya. "The EDGE Program: Adding Value through Diversity." http://www.brynmawr.edu/math/people/rhughes/9.pdf
- Houston, Johnny L. "Sylvia Trimble Bozeman." Mathematical Association of America. 1997. https://www.maa.org/programs/underrepresented-groups/summa/summa-archival-record/sylvia-trimble-bozeman
- Morrow, Charlene and Teri Peri. *Notable Women in Mathematics: A Biographical Dictionary.* Westport, Connecticut: Greenwood Press, 1998.
- "Sylvia Bozeman." ScienceMakers, *The HistoryMakers: The Nation's Largest African American Oral History Collection.* December 18, 2012. http://www.thehistorymakers.org/biography/sylvia-bozeman

펀 헌트

1. Interview, October 2017.
2. "Fern Y. Hunt," Mathematics Quiz, Kids' Zone, Learning with NCES. https://nces.ed.gov/nceskids/grabbag/Mathquiz/mathresult.asp?coolest=j
3. Interview, October 2017.
4. 위와 같음.
5. 위와 같음.

펀 헌트에 관해 더 자세한 정보는 다음을 참고하세요.

- Ambruso, Kathleen. "Fern Y. Hunt." Mathematical Association of America. https://www.maa.org/fern-y-hunt
- "Fern Hunt." Mathematical Research and the World of Nature. Association for Women in Mathematics. http://www.awm-math.org/ctcbrochure/hunt.html.
- "Fern Hunt." ScienceMakers, *The HistoryMakers: The Nation's Largest African American Oral History Collection.* September 14, 2012. http://www.thehistorymakers.org/biography/fern-hunt
- Richardson, Alicia. "Dr. Fern Hunt: Mastering Chaos in Theory and in Life." 2002 Association for Women in Mathematics Essay Contest. Last modified July 8, 2010. https://sites.google.com/site/awmmath/programs/essay-contest/contest-rules/essay-contest-past-results/essays/drfernhuntmasteringchaosintheoryandinlife.
- Williams, Scott W. "Fern Y. Hunt." Black Women in Mathematics. Mathematics Department, State University of New York, Buffalo. http://www.math.buffalo.edu/mad/PEEPS/hunt_ferny.html

마리아 클라베

1. Lucas Laursen, "No, You're Not an Impostor," Science, February 15, 2008. http://www.sciencemag.org/careers/2008/02/no-youre-not-impostor
2. Interview, October 2017.
3. Maria Klawe, "A Fifty Year Wave of Change," Women in Technology, O'Reilly, September 5, 2007. http://archive.oreilly.com/pub/a/womenintech/2007/09/05/a-fifty-year-wave-of-

change.html
4. Maria Klawe, "Impostoritis: A Lifelong, but Treatable, Condition," *Slate*, March 24, 2014. http://www.slate.com/articles/technology/future_tense/2014/03/imposter_syndrome_how_the_president_of_harvey_mudd_college_copes.html

마리아 클라베에 관해 더 자세한 정보는 다음을 참고하세요.

- "Biography of President Maria Klawe." Harvey Mudd College. https://www.hmc.edu/about-hmc/presidents-office/president-maria-klawe/
- Edwards, Martha. "16 Celebrity Quotes on Suffering with Imposter Syndrome." *Mari Claire*, November 11, 2016. http://www.marieclaire.co.uk/entertainment/celebrity-quotes-on-impostor-syndrome-434739
- "Interview with Maria Klawe." Computing Research Association—Women. October 20, 2012. https://cra.org/cra-w/interview-with-maria-klawe/
- "Maria's Art." Harvey Mudd College. https://www.hmc.edu/about-hmc/president-klawe/biography-of-president-maria-klawe/marias-art/

아미 라둔스카야

1. Radunskaya, Ami, "Mathematical Biology: A Personal Journey," *SMB Newsletter* 28, no.3 (September 2015): 9 - 10, http://www.smb.org/publications/newsletter/bios/vol28no3_radunskaya.pdf
2. "Ami Radunskaya, Pomona College," 2015 Elections, Association for Women in Mathematics. https://sites.google.com/site/awmmath/home/awm-elections-2015/president-elect.
3. Ginger Pinholster, "Mathematician Ami Radunskaya Wins 2016 AAAS Mentor Award," American Association for the Advancement of Science, November 29, 2016. https://www.aaas.org/news/mathematician-ami-radunskaya-wins-2016-aaas-mentor-award

아미 라둔스카야에 관해 더 자세한 정보는 다음을 참고하세요.

- "Ami E. Radunskaya." Directory, Pomona College. https://www.pomona.edu/directory/people/ami-e-radunskaya
- IndieFlix. The Empowerment Project. http://www.empowermentproject.com/about/film/
- "Introduction to Learning Dynamical Systems." Computer Science Department, Brown University. http://cs.brown.edu/research/ai/dynamics/tutorial/Documents/DynamicalSystems.html
- Xu, April Xiaoyi. "Pomona Math Prof. Ami Radunskaya Elected President of the Association for Women in Mathematics" Pomona College. March 9, 2016. https://www.pomona.edu/academics/departments/mathematics-statistics/departmental-news/posts/ami-radunskaya-elected-president-association-women-mathematics

잉그리드 도브시

1. "Maths is (also) for women." The World Academy of Sciences, July 29, 2014, https://twas.org/article/maths-also-women
2. 1927년에 발표된 하이젠베르크의 불확정성원리는 공간에서 입자의 위치를 더 정확하게 알수록

그 운동량을 알기가 더 불확실해진다는 개념이다. 불확정성원리는 $\sigma\chi\sigma\rho \geq \frac{h}{2\pi}$라는 방정식으로 표현된다. 여기서 σx는 입자의 위치에 나타나는 표준편차를, σp는 입자의 운동량에 나타나는 표준편차를 나타내고, $\frac{h}{2\pi}$는 환산 플랑크상수(영국의 이론물리학자 폴 디랙의 이름을 따 디랙 상수라고도 부름.)를 나타낸다.
3. "Maths is (also) for women."
4. 위와 같음.
5. J.J. O'Connor and E.F. Robertson, "Ingrid Daubechies," School of Mathematics and Statistics, University of St Andrews, Scotland. https://mathshistory.st-andrews.ac.uk/Biographies/Daubechies/

잉그리드 도브시에 관해 더 자세한 정보는 다음을 참고하세요.

- Daubechies, Ingrid. "Using Mathematics to Repair a Masterpiece." *Quanta Magazine*, September 29, 2016. https://www.quantamagazine.org/using-mathematics-to-repair-a-masterpiece-20160929/
- "Difference between Fourier transform and Wavelets." Mathematics, Stack Exchange. https://math.stackexchange.com/questions/279980/difference-between-fourier-transform-andwavelets
- "Ingrid Daubechies." Electrical and Computer Engineering, Duke University. http://ece.duke.edu/faculty/ingrid-daubechies
- Schlaefli, Samuel. "Using applied mathematics to track down counterfeits." ETH Zürich. October 21, 2015. https://www.ethz.ch/en/news-and-events/eth-news/news/2015/10/pauli-lectures.html
- Sipics, Michelle. "The Van Gogh Project: Art Meets Mathematics in Ongoing International Study." SIAM News, Society for Industrial and Applied Mathematics. May 18, 2009. https://www.siam.org/news/news.php?id=1568
- Stancill, Jane. "Duke math professor wins $1.5 million award." The News & Observer, August 1, 2016. http://www.newsobserver.com/news/local/education/article93169462.html

데이나 타이미나

1. Elizabeth Landau, "Geek Out!: Crochet sculptures teach higher math," *SciTechBlog*, CNN, April 30, 2010. http://scitech.blogs.cnn.com/2010/04/30/geek-out-crochet-sculptures-teachhigher-math/
2. Michelle York, "Professor Lets Her Fingers Do the Talking," *The New York Times*, July 11, 2005. http://www.nytimes.com/2005/07/11/nyregion/professor-lets-her-fingers-do-the-talking.html
3. Interview, December 2017.
4. "Daina Taimina," Department of Mathematics, Cornell University. http://www.math.cornell.edu/~dtaimina/base.html

데이나 타이미나에 관해 더 자세한 정보는 다음을 참고하세요.

- Artmann, Benno. "Euclidean geometry." *Encyclopedia Britannica*. https://www.britannica.com/topic/Euclidean-geometry

- "Daina Taimina." Blogger.com. https://www.blogger.com/profile/13079530989875080286
- Henderson, David W. and Daina Taimina. "Crocheting the Hyperbolic Plane." *Prepublication in Mathematical Intelligencer 23*, no. 2 (Spring 2001). http://www.math.cornell.edu/~dwh/papers/crochet/crochet.html
- Wertheim, Margaret, David Henderson, and Daina Taimina. "Crocheting the Hyperbolic Plane: An Interview with David Henderson and Daina Taimina." *Cabinet Magazine* no. 16 (Winter 2004/05). http://www.cabinetmagazine.org/issues/16/crocheting.php

타티아나 토로

Quotes from interview, December 2017.

타티아나 토로에 관해 더 자세한 정보는 다음을 참고하세요.

- Arts & Sciences Web Team. "Tatiana Toro Named Chancellor's Professor at UC Berkeley." Department of Mathematics, University of Washington. December 10, 2016. https://math.washington.edu/news/2016/12/10/tatiana-toro-named-chancellors-professor-uc-berkeley
- "Tatiana Toro." John Simon Guggenheim Memorial Foundation. https://www.gf.org/fellows/all-fellows/tatiana-toro/
- "Tatiana Toro." Lathisms. http://www.lathisms.org/wednesday-october-12th.html

캐런 스미스

1. Alexander Diaz-Lopez, "Karen E. Smith Interview," interview by Laure Flapan, Notices of the AMS 64 no. 7 (August 2017): 718-720. http://dx.doi.org/10.1090/noti1544
2. 위와 같음.
3. 위와 같음.
4. 수학에서, 어떤 함수가 정의되지 않는 점들. 예컨대, 함수 $f(x) = \frac{1}{x}$에 대해 $x = 0$인 경우.
5. 어떤 위상공간(즉, 3차원 다양체처럼 점들의 집합과 그와 연관된 근방)과 연결된 일련의 아벨군(즉, 가환대수구조들).
6. Karen E. Smith, "An introduction to tight closure," September 26, 2012. https://arxiv.org/pdf/math/0209378.pdf
7. 스미스가 관심을 가진 연구에 대한 추가 정보는 http://www.math.lsa.umich.edu/~kesmith/research.pdf를 참고할 것.
8. 2016년 1월에 워싱턴주 시애틀에서 한 스미스의 강연 제목은 '복잡한 대수다양체의 특이성을 이해하는 뇌터환 이론의 힘'이었다.

캐런 스미스에 관해 더 자세한 정보는 다음을 참고하세요.

- O'Connor, J.J. and E.F. Robertson. "Karen Ellen Smith." School of Mathematics and Statistics, University of St Andrews, Scotland. http://www-history.mcs.st-and.ac.uk/Biographies/Smith_Karen.html
- Riddle, Larry. "Karen E. Smith." Biographies of Women Mathematicians. Agnes Scott College. Last modified August 7, 2017. https://www.agnesscott.edu/lriddle/women/smithk.htm

질리올라 스타필라니

1. Billy Baker, "A life of unexpected twists takes her from farm to math department," *The Boston Globe*, April 28, 2008. http://archive.boston.com/news/science/articles/2008/04/28/a_life_of_unexpected_twists_takes_her_from_farm_to_math_department/
2. 위와 같음.
3. Interview, October 2017.
4. 위와 같음.
5. 위와 같음.
6. 위와 같음.
7. 위와 같음.
8. Lavinia Pisani, "Gigliola Staffilani and her parable to success," *L'Italo Americano*, June 30, 2016. https://italoamericano.org/staffilani/
9. Interview, October 2017.
10. 위와 같음.
11. Baker, "A life of unexpected twists."
12. Interview, October 2017.
13. 위와 같음.
14. 위와 같음.
15. Alexander Diaz-Lopez, "Gigliola Staffilani Interview," *Notices of the AMS* 63, no. 11 (December 2016): 1250-1251. http://dx.doi.org/10.1090/noti1452

질리올라 스타필라니에 관해 더 자세한 정보는 다음을 참고하세요.

- "Gigliola Staffilani: A Woman in Mathematics." Mathematical Association of America. May 16, 2008. https://www.maa.org/news/math-news/gigliola-staffilani-a-woman-in-mathematics
- "Gigliola Staffilani." Department of Mathematics, Massachusetts Institute of Technology. https://math.mit.edu/~gigliola/
- "Gigliola Staffilani." John Simon Guggenheim Memorial Foundation. https://www.gf.org/fellows/all-fellows/gigliola-staffilani/
- "Personal Profile of Prof. Gigliola Staffilani." Mathematical Sciences Research Institute. https://www.msri.org/people/3096

에리카 워커

1. Erica N. Walker, *Building Mathematics Learning Communities* (New York: Teachers College Press, 2012): xiii-xiv.
2. Interview, October 2017.
3. 위와 같음.
4. "Dr. Erica N. Walker," Teachers College, Columbia University. http://www.tc.columbia.edu/faculty/walker/
5. Eric A. Hurley, "Minority Postdoctoral Fellows," Teachers College Newsroom, Columbia University, May 20, 2002. http://www.tc.columbia.edu/articles/2001/november/minoritypostdoctoral-fellows/

6. Interview, October 2017.
7. 위와 같음.
8. "Dr. Erica N. Walker," Teachers College.
9. Interview, October 2017.
10. Evelyn Lamb, "Black Mathematical Excellence : A Q&A with Erica Walker," *Scientific American*, February 15, 2016. https://blogs.scientificamerican.com/roots-of-unity/black-mathematicians-erica-walker/

에리카 워커에 관해 더 자세한 정보는 다음을 참고하세요.

- "Dr. Erica N. Walker : Professional Background." Teachers College, Columbia University. http://www.tc.columbia.edu/faculty/walker/profback.html
- Walker, Erica N. Building Mathematics Learning Communities. New York : Teachers College Press, 2012.

트러셋 잭슨

1. Interview, October 2017.
2. 위와 같음.
3. Evelyn Lamb, "Mathematics, Live : A Conversation with Victoria Booth and Trachette Jackson," *Scientific American*, October 9, 2013. https://blogs.scientificamerican.com/roots-of-unity/mathematics-live-a-conversation-with-victoria-booth-and-trachette-jackson/
4. Interview, October 2017.
5. Lamb, "Mathematics, Live."
6. Interview, October 2017.
7. 위와 같음.

트러셋 잭슨에 관해 더 자세한 정보는 다음을 참고하세요.

- "Funded Grant : Trachette L. Jackson : Combining continuous and discrete approaches to study sustained angiogenesis associated with vascular tumor growth." James S. McDonnell Foundation. https://www.jsmf.org/grants/2005005/
- "Trachette Jackson." Math Alliance. https://mathalliance.org/mentor/trachette-jackson/
- "Trachette Jackson." ScienceMakers, *The HistoryMakers : The Nation's Largest African American Oral History Collection*. October 22, 2012. http://www.thehistorymakers.org/biography/trachette-jackson
- Williams, Scott W. "Trachette Jackson." Black Women in Mathematics. Mathematics Department, State University of New York, Buffalo. http://www.math.buffalo.edu/mad/PEEPS/jackson_trachette.html

카를라 코트라이트-윌리엄스

1. Interview, December 2017.
2. 위와 같음.
3. 위와 같음.

4. 위와 같음.
5. Interview, October 2017.
6. "Carla Cotwright," Mathematically Gifted and Black, February 9, 2017. http://www.mathematicallygiftedandblack.com/profiles/February_9.html
7. 위와 같음.
8. Interview, October 2017.
9. Carla Cotwright-Williams, "Go BIG or go home? Go BIG." BIG Math Network, February 9, 2017. https://bigmathnetwork.wordpress.com/2017/02/09/blogpost-carla-cotwright-williams/
10. Interview, October 2017.
11. Interview, December 2017.
12. Interview, October 2017.
13. 위와 같음.
14. Cotwright-Williams, "Go BIG or go home?"
15. Interview, October 2017.
16. Interview, December 2017.

카를라 코트라이트-윌리엄스에 관해 더 자세한 정보는 다음을 참고하세요.

- AMS Washington Office. "AMS Congressional Fellow Chosen." *Notices of the AMS* 59, no 7, August 2012. http://www.ams.org/notices/201207/rtx120700974p.pdf
- *Davenport*, Thomas H. and D.J. Patil. "Data Scientist: The Sexiest Job of the 21st Century." *Harvard Business Review*, October 2012. https://hbr.org/2012/10/data-scientist-the-sex-iestjob-of-the-21st-century
- "Doctoral Alumna Uses Math for Public Good." Graduate School, The University of Mississippi. Summer 2017. https://gradschool.olemiss.edu/newsletter-summer-2017/doctoral-alumnauses-math-for-public-good/

유지니아 쳉

1. Nicola Davis, "Mathematician Eugenia Cheng: 'We hate having rules imposed on us,' " *The Guardian*, February 26, 2017. https://www.theguardian.com/science/2017/feb/26/eugenia-cheng-interview-observer-nicola-davis
2. Interview, October 2017.
3. Davis, "Mathematician Eugenia Cheng."
4. Interview, October 2017.
5. Davis, "Mathematician Eugenia Cheng."

유지니아 쳉에 관해 더 자세한 정보는 다음을 참고하세요.

- Angier, Natalie. "Eugenia Cheng Makes Math a Piece of Cake." *The New York Times*, May 2, 2016. https://www.nytimes.com/2016/05/03/science/eugenia-cheng-math-how-to-bake-pi.html
- Cheng, Eugenia. EugeniaCheng.com. http://eugeniacheng.com/
- Cheng, Eugenia. "Why I Don't Like Being a Female Role Model." *Bright Magazine*, July

7, 2015. https://brightthemag.com/why-i-don-t-like-being-a-female-role-model-10055873ea97

마리암 미르자하니

1. Erica Klarreich, "A Tenacious Explorer of Abstract Surfaces," *Quanta Magazine*, August 12, 2014. https://www.quantamagazine.org/maryam-mirzakhani-is-first-woman-fields-medalist-20140812/
2. 위와 같음.
3. "Interview with Research Fellow Maryam Mirzakhani," 2008 Annual Report, Clay Mathematics Institute. http://www.claymath.org/library/annual_report/ar2008/08Interview.pdf
4. 위와 같음.
5. 위와 같음.
6. Klarreich, "A Tenacious Explorer of Abstract Surfaces."
7. Andrew Myers And Bjorn Carey, "Maryam Mirzakhani, Stanford mathematician and Fields Medal winner, dies," *Stanford News*, July 15, 2017. https://news.stanford.edu/2017/07/15/maryam-mirzakhani-stanford-mathematician-and-fields-medal-winner-dies/
8. 끈이론에 관심이 있다면, 2003년에 출간된 브라이언 그린의 베스트셀러 《엘러건트 유니버스》가 입문서로 읽기에 아주 좋다.
9. "Interview with Research Fellow Maryam Mirzakhani."
10. Klarreich, "A Tenacious Explorer of Abstract Surfaces."
11. 위와 같음.
12. "The work of Maryam Mirzakhani," August 18, 2014. http://www.math.harvard.edu/~ctm/papers/home/text/papers/icm14/icm14.pdf
13. Jordan Ellenberg, "Math Is Getting Dynamic," *Slate*, August 13, 2014. http://www.slate.com/articles/life/do_the_math/2014/08/maryam_mirzakhani_fields_medal_first_woman_to_win_math_s_biggest_prize_works.html
14. Klarreich, "A Tenacious Explorer of Abstract Surfaces."
15. Myers and Carey, "Maryam Mirzakhani, Stanford mathematician."
16. "Iranian math genius Mirzakhani passes away," PressTV, July 15, 2017. http://www.presstv.com/Detail/2017/07/15/528535/Iran-Maryam-Mirzakhani-cancer-US.

마리암 미르자하니에 관해 더 자세한 정보는 다음을 참고하세요.

- Dehghan, Saeed Kamali. "Maryam Mirzakhani: Iranian newspapers break hijab taboo in tributes." *The Guardian*, July 16, 2017. https://www.theguardian.com/world/2017/jul/16/maryam-mirzakhani-iranian-newspapers-break-hijab-taboo-in-tributes/
- O'Connor, J.J. and E.F. Robertson. "Maryam Mirzakhani." School of Mathematics and Statistics, University of St Andrews, Scotland. http://www-history.mcs.st-and.ac.uk/Biographies/Mirzakhani.html
- Roberts, Siobhan. "Maryam Mirzakhani's Pioneering Mathematical Legacy." *The New Yorker*, July 17, 2017. https://www.newyorker.com/tech/annals-of-technology/maryam-mirzakhanis-pioneering-mathematical-legacy

첼시 월턴

1. "Donald in Mathmagic Land," Wikiquot. https://en.wikiquote.org/wiki/Donald_in_Mathmagic_Land
2. "Chelsea Walton," Mathematically Gifted and Black, February 25, 2017. http://www.mathematicallygiftedandblack.com/profiles/February_25.html
3. Eryn Jelesiewicz, "Temple mathematician Chelsea Walton named a 2017 Sloan Research Fellow," Temple Now, Temple University, March 7, 2017. https://news.temple.edu/news/2017-03-07/chelsea-walton-2017-sloan-research-fellow
4. Rae Paoletta, "These Black Female Mathematicians Should Be Stars in the Blockbusters of Tomorrow," Gizmodo, March 8, 2017. https://gizmodo.com/these-black-femalemathematicians-should-be-stars-in-th-1792636094
5. "Chelsea Walton," Mathematically Gifted and Black, February 25, 2017. http://www.mathematicallygiftedandblack.com/profiles/February_25.html
6. 위와 같음.
7. Alexander Diaz-Lopez, "Chelsea Walton Interview," *Notices of the AMS* 65 no. 2 (February 2018): 164–166. http://dx.doi.org/10.1090/noti1631

첼시 월턴에 관해 더 자세한 정보는 다음을 참고하세요.

- "Chelsea Walton: Bio." Mathematics, Temple University. https://math.temple.edu/~notlaw/bio.html
- "Chelsea Walton: CV." Department of Mathematics, Massachusetts Institute of Technology. Last modified January 6, 2015. http://math.mit.edu/~notlaw/CV3.pdf

패멀라 해리스

Quotes from interview, December 2017.

감사의 말

내 여정에 도움을 준 모든 멘토에게 감사드립니다. 내 이야기와 이 책에 등장하는 여성들의 이야기를 공유하도록 나를 초대해 준 쿼토 출판사의 자닌 덜런과 멜라니 매든에게도 고마움을 전합니다. 그리고 스테퍼니 그레이엄, 에린 캐닝, 제이슨 셔펠, 매들렌 베이설리의 섬세한 편집이 없었더라면, 이 책을 마칠 수 없었을 것입니다. 이 아름다운 책의 디자인과 레이아웃을 신속하게 처리해 준 메리디스 하트와 젠 코글리앤트리, 필 뷰캐넌에게도 감사드립니다. 일러스트레이터 숀 예이츠와 사진 연구자 레슬리 호지슨에게도 감사의 말을 전합니다. 이 모든 사람의 도움이 없었더라면, 이 책은 세상에 나오지 못했을 것입니다. 마지막으로 저는 이 책을 어머니와 남편 도널드에게 바칩니다. 이들의 무조건적인 사랑과 지원이 없었더라면, 나는 지금 이곳까지 오지 못했을 것입니다.

-탤리시아 윌리엄스

도판 저작권

ALAMY
© dpa picture alliance archive: 107, 172, 179; © Everett Collection Inc: 139(가운데); © Gado Images: 94(아래); © Heritage Image Partnership Ltd: 43; © Pictorial Press Ltd: 15(아래); © Science History Images: 27, 36, 60(위)

Courtesy Sylvia Bozeman
139(아래) 143, 145(위쪽 좌, 우), 147-149

Catholic University Archives
© (Haynes-Lofton Family Collection Box 67) The American Catholic History Research Center and University Archives (ACUA): 62

Courtesy Eugenia Cheng
228(위쪽 좌); © Paul Crisanti of PhotoGetGo: 231(아래); © RoundTurnerPhotography.com: 226

Columbia University
© Gift of the Wellesley College Class of 1883, Zeta Chapter of Phi Delta Gamma, and the Women's Graduate Club of Columbia University. Art Properties, Avery Architectural & Fine Arts Library: 48; © Historical Photo Collection, Box 84, University Archives, Rare Book and Manuscript Library: 44

Courtesy Carla Cotwright-Williams
218, 221(위); © Bryan Williams: 224

Getty Images
© ATTA KENARE/AFP: 242; © Bettmann: 58(아래); © Hulton Archive: 86(아래); ©

James Whitmore/The LIFE Images Collection: 88; © Jeffrey R. Staab/CBS: 231(위); © Leigh Vogel/WireImage: 133(오른쪽); © Library of Congress/Interim Archives: 77; © Maryam Mirzakhani/NASA 382199/Corbis: 233; © Samsung / Barcroft Images / Barcroft Media: 228(아래); © SSPL: 23(아래), 104(위)

Courtesy Pamela Harris
250, 256; "Combinatorial problems related to Kostant's weight multiplicity formula," Ph.D. thesis, University of Wisconsin-Milwaukee: 253

Courtesy Harvey Mudd College/Maria Klawe
158, 163-165

Courtesy Fern Hunt
150, 155(아래)

The Image Works
© DPA/SOA

Courtesy Trachette Jackson
212, 216

Library of Congress, Prints and Photographs Division
191; Detroit Publishing Company Collection: 46(위); Goldsberry Collection of open air school photographs: 64(아래); Highsmith (Carol M.) Archive: 152(아래), 178(아래); Johnston (Frances Benjamin) Collection: 112; National Photo Company Collection: 64(위); Photochrom Prints Collection: 18(위), 79(가운데), 178(가운데)

© Lunar and Planetary Institute, Houston
25

© America Meredith (Cherokee Nation)
Collection of the Smithsonian Institution, National Museum of the American Indian: 91(아래)

© MIT Museum
131

NASA
75(위), 96-103, 104(아래), 113, 115, 124(아래)-128, 135; NASA/JPL: 56; NASA/JPL/ASU: 76; NASA Langley Research Center: 108-110(위); NOAA-NASA GOES Project: 157

National Archives and Records Administration
Environmental Protection Agency: 152

National Institutes of Health
National Cancer Institute: 155(가운데)

Redux Pictures
© AFFER/RCS/CONTRASTO: 118; © BARTON SILVERMAN/The New York Times: 121(오른쪽); © Mark Peterson: 202(아래); © Monica Almeida/The New York Times: 161

© Wayne Rhodes
247

Courtesy R.Bruce Ross, IV
86(위)

Shutterstock
© BondRocketImages: 168(위); © Claudio Divizia: 30; © cpaulfell: 214(아래); © Ekaphon maneechot: 72; © flysnowfly: 221(가운데); © Kondor83: 176; © Lisyl: 248; © Lynda Lehmann: 214(가운데); © Marcio Jose Bastos Silva: 195(아래); © MikeDotta: 206; © milosk50: 235(가운데); © MintImages: 168(

가운데); © Morphart Creation: 23(위), 26; © Phongphan: 170; © Popova Valeriya: 209(아래); © Radu Bercan: 49; © r.nagy: 228(가운데); © scubaluna: 183; © Vshivkova: 214(위)

Smithsonian Institution

© Grace Murray Hopper Collection, Archives Center, National Museum of American History: 79(아래), 80(위)

Courtesy Daina Taimina

141, 180, 185

Courtesy Tatiana Toro

186, 188

U.S. Census Bureau

80(아래)

U.S. Department of Defense

U.S. Air Force: 89; U.S. Navy: 71(아래); 83, 90, 91(위)

© Gini Wade

21

Courtesy / © WGBH Educational Foundation:

11

Courtesy Wikimedia Foundation

15(위, 가운데), 29, 38(위), 40(위), 50−55, 58(위), 75(아래), 79(위), 155(위), 168(아래), 171−175, 178(위), 195(위), 202(위), 209(위), 221(아래), 232, 235(아래)−239, 245(아래); Archive of the Berlin−Brandenburg Academy of Sciences and Humanities: 29(아래), 40(아래); Charles Marville/National Gallery of Art, Washington, Patrons' Permanent Fund: 35; Daphne Weld Nichols: 130; DLR German Aerospace Center: 117; Douglas W. Reynolds: 110(아래); Draper Laboratory, restored by Adam Cuerden: 133(왼쪽); Harvard College Observatory: 46(아래), 71(위); Internet Archive: 18(아래), 33(가운데, 아래), 245(위); Johannes Meiner, ETH Library: 60(아래); Killivalavan Solai: 245(가운데); Manfred Kuzel: 67; Nationalmuseum, photographed by Erik Cornelius: 42; RMN−Grand Palais (Chateau de Versailles)/Gerard Blot: 34; State Tretyakov Gallery: 38(아래); Stefan Zachow of the International Mathematical Union, retouched by King of Hearts: 235(위); Tiia Monto: 198; Trocaire: 139(위쪽 우); TURNBULL WWW SERVER, School of Mathematical and Computational Sciences, University of St Andrews: 38(가운데); Voice of America/Ali Shaer: 139(위); William T. Ziglar, Jr: 94(위)

Courtesy Talithia Williams

7; © Tableau: 8

Other Images:

© Ryan Brandenberg/Temple University: 243; © Bruce Gilbert: 207; © Byron Hooks/Lat34north: 145(아래); © Richard J Misch: 124(위쪽 좌); Courtesy Pomona College/Ami Radunskaya: 166; Schomburg Center for Research in Black Culture/New York Public Library: 94(가운데); Courtesy Karen Smith: 193; Courtesy Gigliola Staffilani: 200; Courtesy Vaughan Family: 92

모든 이미지는 저작권자에게 연락하기 위한 합리적인 시도가 이루어졌습니다. 만약 허가 없이 사용된 이미지가 있다면, 출판사로 연락 바랍니다.

찾아보기

수학 하는 여자들 - 세계의 여성 수학자 30인

초판 1쇄 발행 2022년 12월 30일
지은이 탤리시아 윌리엄스 | 옮긴이 이충호 | 감수 권오남, 임보해
기획 한국여성과학기술단체총연합회
책임편집 박은덕 | 편집 박선주 이소희 이수연 | 디자인 장승아
펴낸이 권종택 | 펴낸곳 ㈜보림출판사 | 출판등록 제406-2003-049호
주소 경기도 파주시 광인사길 88 | 전화 031-955-3456 | 팩스 031-955-3500
홈페이지 www.borimpress.com | 인스타그램 @borimbook
ISBN 978-89-433-1521-4 43410

본 사업은 기획재정부의 복권기금 및 과학기술정보통신부의 과학기술진흥기금으로
추진하여 사회적 가치 실현과 국가 과학기술 발전에 기여합니다.